西安交通大学人文社会科学学术著作出版基金资助

函数性数据的分析方法与经济应用

Methods of Functional Data Analysis and Its Economic Applications

严明义　著

中国财政经济出版社

图书在版编目（CIP）数据

函数性数据的分析方法与经济应用／严明义著．—北京：中国财政经济出版社，2014.9

ISBN 978 - 7 - 5095 - 5639 - 9

Ⅰ．①函…　Ⅱ．①严…　Ⅲ．①数理统计 - 研究　Ⅳ．①O212

中国版本图书馆 CIP 数据核字（2014）第 197400 号

责任编辑：周桂元　　　　责任校对：黄亚青

封面设计：孙俪铭　　　　版式设计：董生平

中国财政经济出版社出版

URL：http：//www.cfeph.cn

E - mail：jiaoyu @ cfeph.cn

社址：北京市海淀区阜成路甲 28 号　邮政编码：100142

营销中心电话：010 - 88190406　编辑部门电话：010 - 88190683

北京中兴印刷有限公司印刷　各地新华书店经销

787 × 1092 毫米　16 开　12.75 印张　166 000 字

2014 年 11 月第 1 版　2014 年 11 月北京第 1 次印刷

定价：26.00 元

ISBN 978 - 7 - 5095 - 5639 - 9/F · 4557

（图书出现印装问题，本社负责调换）

本社质量投诉电话：88190744

打击盗版举报热线：010 - 88190492、QQ：634579818

前　言

与函数性数据分析结缘是2002年我访问加拿大滑铁卢大学统计与保险精算系期间，当时Jim Ramsay和Bernard Silverman的新作《实用函数性数据分析：方法和案例研究》将我带入了统计数据分析的一个新奇领域。

“函数性数据”（Functional Data，FD）的概念由Ramsay于1982年首次提出，它是指数据的潜在生成过程为光滑的函数过程时对其进行观测所得的记录。例如，考古学家挖掘的骨块形状、犯罪者的指纹和足迹、人们书写的笔迹等，这些样本观察本身就以几何图像形式呈现；另有一些领域的样本资料，虽然本身并未呈现函数图像的形式，但其产生过程随时间连续变化的特性也使收集到的观测数据呈现函数性特征，如人体增高数据、不同地区的多期温度数据、不同时间截面多个行业的就业数据、网上拍卖中竞买者出价数据、不同股票的价格数据等。函数性数据分析（Functional Data Analysis，FDA）以函数性数据为研究对象，其基本思想是将观察到的数据看成一个整体进行分析。自1997年Ramsay和Silverman的著作《函数性数据分析》出版以来，函数性数据的分析方法及其应用受到了国际统计学界及其他相关领域学者的重视，发表了大量有学术价值的研究文献。

我国在函数性数据方面的研究相对迟缓，目前尚缺相关中文研究论著。为使我国研究者尽快吸收和掌握函数性数据分析的前沿研究成果，同时为经济学、管理学、医学、心理学等专业学生提供一本兼顾理论与应用的参考书籍，我萌发了写作这本书的兴趣。本书主要就函数性数据的相平面图分析方法、多元函数性主成分分析、函数性Logistic回归模型、函数性线性回归模型的比较优势、函数性数据的微分方程和聚类分析方法等进行了研究，对函数性数据分析方法的计算机实现进行了说明，并使用有关方法对网上拍卖等经济问题进行了分析。本书作为国家社会科学基金项目“经济函数性数据分析方法与应用研究”（07XTJ001）的研究成果，部分内容已经公开发表。

本书的最终完成是许多热心人支持与帮助的结果，在本书出版之际，我首先感谢西安财经学院原党委书记刘延年教授、西安交通大学经济与金融学院院长冯根福教授、中国人民大学统计学院何晓群教授，是他们渊博的学识、敏锐的洞察力和无私的支持与帮助，使我坚定了进一步深入研究函数性数据的信心！感谢我的博士生导师，西安交通大学经济与金融学院邱长溶教授的悉心指导和鼓励，使我有力量克服方法应用的计算机编程与网上拍卖数据收集方面的困难，最终将函数性数据的分析方法应用于网上拍卖等经济问题的分析中。感谢加拿大 McGill 大学 Ramsay 教授，他对我在函数性数据分析方法方面的工作给予了许多指导；感谢美国 Maryland 大学史密斯商学院 Galit Shmueli 副教授，她解释了我在网上拍卖数据分析方面的许多疑惑。另外，在本书的编写过程中，我的硕士研究生杜鹏、纪礼文、赵霓、魏婧、蒲泾泾、党敏等做了不少工作。中国财政经济出版社周桂元主任在审稿、出版环节付出了辛勤的汗水，在此向他们一并表示感谢！

作为国家社会科学基金项目的研究成果，本书是我多年来有关函数性数据与经济应用研究的一个总结，同时也仅仅是该方面研究的开始，书中所述肯定存在诸多不足，欢迎广大读者批评指正！

最后，感谢西安交通大学人文社会科学学术著作出版基金的资助！

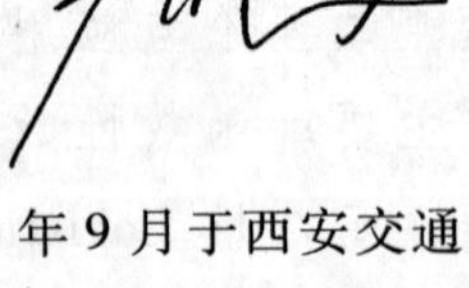

2014 年 9 月于西安交通大学

目　录

第一章　绪　论

第二章　函数性数据及其特征：以网上拍卖为例

第三章 函数性数据的修匀

第四章 函数性数据的描述性分析

第五章　函数性数据的相平面图分析法

第六章　函数性主成分分析（FPCA）

第七章 函数性方差分析与函数性 Logistic 回归

第八章 函数性线性回归模型的比较优势

第九章 函数性数据的微分方程分析方法

第十章 函数性数据的聚类方法与案例分析

第十一章 函数性数据分析方法的计算机实现

第一章

绪　论

本章首先说明了该书研究的选题背景和意义，其次对国内外研究文献进行了梳理和评析。再其次，给出了该书的主要研究内容，研究的基本思路和方法。最后，阐述了研究的重点难点、主要观点与创新点。

1.1 选题背景和意义

1.1.1 选题背景

随着现代数据收集及贮存技术的迅速发展，研究者收集数据的方法和获取的资料形式正在发生较大的变化。许多领域收集的样本资料本身就以函数图像的形式呈现，如考古学家挖掘的骨块形状、医学检测中患者的心电图及头部影像、人们书写的笔迹、犯罪者的指纹和足迹等。有些领域的样本资料，虽然本身并未呈现函数图像的形式，但其随着时间变化也使收集的观测数据显示出函数性特征，如人体增高数据、不同地区的多期温度与降雨量数据、不同时间截面多个行业的就业数据、网上拍卖中竞买者出价数据、不同股票的价格数据等。为什么我们会观测到具有这种特征的数据？因为这些样本数据的产生过程是一个函数过程。函数性数据分析以函数性数据为研究对象，其基本思想是将观察到的数据看成一个整体。Ramsay（1982）在其论文中将具有这种特征的数据首次命名为函数性数据（functional data，FD）。由于函数性数据不同于传统统计方法所分析的时间序列数据（time series data）和横截面数据（cross－sectional data），也不同于计量经济学中讨论的面板数据（panel data），因此，传统的数据分析方法在具体应用中受到了挑战。

1.1.2 研究意义

由于实际中获得经济数据的方式和技术日新月异、多种多样，越来越多的研究者获得的样本观察资料呈现函数性特征。因此，对函数性数据的分析方法及其在经济领域的应用进行研究，具有重要的理论价值和应用价值。

(1) 理论价值

国外学者对函数性数据的分析方法进行了较为深入地研究，取得了大量富有价值的研究成果。他们在离散数据的函数化处理、粗糙惩罚法、函数注册或列齐（套准）、函数性数据的聚类分析与典型相关分析、函数性数据的假设检验、函数性数据的微分方程方法等方面做了许多研究，尤其在函数性数据的主成分分析、函数性线性回归模型两方面的研究更多、更深、更广，取得的成果也最多。但是，从目前的研究现状来看，有关函数性数据的聚类分析方法缺乏系统的研究文献，对分析函数性数据时微分方程（算子）的设定、多元函数性主成分分析的模型和权函数的估计方法讨论地较少，对函数性 Logistic 回归模型和应用的分析相对薄弱，对函数性线性回归模型的比较优势缺乏分析。另外，国内鲜有文献就函数性数据分析方法的计算机实现进行说明。因此，对这些问题进行研究，能够充实函数性数据的分析方法和应用，具有明显的理论价值。

(2) 应用价值

在国外学者关于函数性数据分析方法的研究中，所涉及的数据主要来源于生物、医学以及工程领域，极少考虑经济领域的函数性数据。与自然科学中收集的数据相比，经济数据具有收集过程难以控制的特点，致使数据误差较大。调研获得的微观数据，往往具有较大的误差，如家庭可支配收入、消费等。另外，虽然有些金融数据，如股票价格和汇率等，具有较小的测量误差，但有些金融数据是高频数据或超高频数据，从而数据包含的“噪音”会更多一些。因此，不能将函数性数据的分析方法直接、简单地应用于经济函数性数据的分析中，而应在应用中充分考虑经济函数性数据的具体特征，从经济指标的选取、数据的收集、结果的经济解释等方面予以综合考虑，对方法不应只是简单地应用，而应将方法所得结果是否与实际经济预期一致，是否能够利用经济理论对其进行合理解释等作为判断方法使用效果的一条主要标准。

我国在这方面的研究起步较晚，真正引起统计学界重视大约始于2007年。虽然我国学者也做了一些工作，但一方面缺乏对真正不同于传统数据形式的经济函数性数据的分析，未能真正显示函数性数据分析方法在经济研究中的优越性；另一方面，对结果的经济分析不够深入。另外，函数性数据的分析方法必须借助于计算机实现，而现有的SPSS、EViews、SAS等统计软件不能直接用于函数性数据的分析，因此，对研究人员使用函数性数据的分析方法带来了极大地不便，对于初学者更是困难重重，经常花费大量的时间用于方法的计算机实现，限制了该方法的应用推广。所以，对这些问题进行研究，能够丰富函数性数据分析方法的应用领域，对利用此方法解决实际经济问题大有裨益，因而本研究具有广阔的应用前景和重要的应用价值。

1.2 国内外研究现状

1.2.1 国外研究现状

函数性数据的概念由加拿大统计学家，McGill大学心理学教授，加拿大统计学会前主席Jim Ramsay于1982年首次提出。1991年，Ramsay和Dalzell在其发表的论文“Some Tools for Functional Data Analysis（with Discussion）”中提出了对函数性数据进行分析的一些方法。六年后，Ramsay和Bristol大学统计学教授Bernard Silverman（曾获统计学会会长联合委员会颁发的会长奖和两枚皇家统计学会Guy奖章），将对函数性数据进行统计分析的已有理论和方法总结在《函数性数据分析》一书中（Ramsay和Silverman，1997），但这本书偏重方法的理论介绍和数学推导，不利于统计基础薄弱者使用。经过五年的努力，Ramsay和Silverman研究了一些函数性数据案例，并将其具体的分析过程编入他们于2002年出版的专著中。2005年，Ramsay和Silverman对1997年版的《函数性数据分析》进行了修订，出版了《函数性数据分析》第二版，书中吸收了国际上最新研究成果，特别扩充了样条修匀和函数性线性模型方面的内容，对处理函数性数据的微分方程方法进行了改写，我国科学出版社于2006年将其作为国外数学名著引入国内出版。经过三十多年的发展，关于函数性数据的分析取得了许多成果，特别是继Ramsay和Silverman的著作出版后，国际上掀起了一股函数性数据研究热，取得了许多有价值的研究成果，并在经济、生物、医学以及气象等领域被广泛应用。

经过我们对相关研究文献的梳理，国外学者关于函数性数据的研究可以概括为以下七个方面：

（1）离散观察数据的函数化处理

在函数性数据分析中，首要的工作是将观测到的离散数据转化为一个函数。关于插值和修匀，国外学者做了大量深入的研究，例如，Schumaker（1981）、Wahba（1990）、Hastie和Tibshirani（1990）就样条函数进行了深入的讨论；Green和Silverman（1994）就样条函数在数学和统计学中的应用进行了研究；Simonoff（1996）和Eubank（1999）就修匀和非参数回归进行了讨论；Silverman（1999，2000）以及Silverman和Vassilicos（1999）就函数性数据分析中的小波基进行了研究。虽然，关于样条函数不少文献进行了讨论，但系统且深入地论述见de Boor（2001）。Ramsay和Silverman（2006）就B-样条基函数进行了易于掌握的讨论，其针对入门者的知识介绍见函数性数据分析网站www.functionaldata.org。

（2）函数性数据的注册（registration）或特征列齐（alignment）

注册问题研究中的一个重要概念是时间变形函数（time warping function），Sakoe和Chiba（1978）运用动态规划的方法估计了时间变形函数；Kneip和Gasser（1992）、Gasser和Kneip（1995）深入研究了标志注册（landmark registration），他们将标志称为结构性特征（structural feature），将位置称为结构点（structural point）；Ramsay（1996）、Ramsay和Li（1996）利用注册技术发展了一类变形函数的拟合；Gervini和Gasser

(2004) 进一步发展了注册技术，用以解决不能使用标志方法带来的问题，并考虑了一些重要的理论问题。

(3) 函数性数据分析中的假设检验问题

Robinson (1989) 提出了半参数检验方法，这类检验的优势在于可以将这些检验方法扩展到在原假设下函数形式不确定的情况，因此它们具有一般性，然而半参数假设检验方法依赖于一系列严格的假设，如时间序列的平稳性等，因此该类检验存在一些问题，如参数估计局限性、维数问题及样本容量选取等。为解决这个问题，Bewley 和 Griffiths (2001)、Montgomery 和 Bradlow (1999) 提出了贝叶斯假设检验方法，贝叶斯假设检验方法允许加入先验信息，但当样本容量较小时该方法在估计模型的置信区间时存在一些不足。

在对函数性数据进行分析时，Fan 和 Li (1998) 对曲线数据的显著性检验问题进行了研究。检验均值函数的一个难点在于估计协方差的形式，Bealey 和 Griffiths (2001) 提出了一种方法，但假设误差项是独立同分布的。由于实际中，各次观察的误差项之间通常存在一定的相关性，因此需要将误差项设为较一般的形式；Games 和 Sood (2006) 对这一情况进行了研究，他们先考虑了从同一均值函数观测到数条曲线情形下的检验方法，然后将该方法扩展到更复杂、更一般的情形。在具体分析时，他们对观测曲线和估计的均值函数间的残差序列使用 bootstrap 方法给出了检验过程，并用其分析了技术进步曲线；Zhang 和 Chen (2007) 基于函数性线性模型和核估计对函数性数据的统计推断问题进行了研究，提出了一种检验方法。

(4) 函数性数据的变异性分析

为了对函数性数据的变异性进行分析，国外学者就函数性主成分分析 (FPCA) 和函数性典型相关分析 (FCCA) 进行了研究。

关于函数性数据的主成分分析，国外早有文献关注，取得的成果也颇丰。Dauxois，Pouuse，和 Romain (1982) 研究了向量随机函数主成分的渐进理论，提出了函数性主成分分析方法，这一方法也成为后来很多函数性数据分析方法发展的基础；Ramsay 和 Dalzell (1991) 讨论了使用 FPCA 分析协差阵分解的效果，并使用 FPCA 分析温度数据。Silverman（1995，1996）将参数效应引入到函数性主成分分析中，并分析了如何通过选择范数对函数主成分进行修匀；Locantore，Marron，Simpson 等（1999）就 FPCA 的应用进行了广泛地讨论，他们以人眼角膜的曲率中一个异常现象为研究出发点，对 FPCA 进行了推广；Aguilera，Ocana 和 Valderrama（1999）扩展了多变量主成分回归方法，并利用函数性主成分方法对分布不均匀的连续时间序列进行了预测，得到了较好的结果；Kneip 和 Utikal（2001）应用 FPCA 研究密度曲线，其中的自变量是收入的对数；Viviani，Grön 和 Spitzer（2005）采用多元主成分分析方法和函数性主成分分析方法对脑部扫描数据进行了比较分析，结果发现 FPCA 能够提供更好的图象描述；James，Hastie 和 Suga（2000）针对观测时点不规则以及观测时点稀疏的曲线，提出了一种新的基于降秩混合效果框架的处理方法来描述其主要的变化趋势；Yao，Muller 和 Wang（2004）利用函数性分析方法对稀疏纵列数据进行了分析；Chiou 和 Muller（2007）将 FPCA 用于分析函数性回归模型中的残差；Ramsay 和 Silverman（2006）对函数性主成分的模型、主成分修匀及估计方法等系统地进行了总结。可见，在国外的研究文献中，FPCA 在各个领域已经有了比较广泛的应用。

关于两个函数变量之间的典型相关分析的历史相对久远一些，对这个问题的早期研究应归于 Lancaster（1969）关于卡方分布的讨论，他首先考虑了函数变量的典型相关问题；Dauxois 和 Nkiet（2002）在希尔伯特空间的框架下讨论了典型相关的一些一般情况；He，Müller 和 Wang（2003）就 FCCA 理论方面的情况进行了深入的研究。

（5）函数性线性回归模型

近些年来，学者们对于函数性线性回归模型进行了比较深入的研究。Ramsay 和 Dalzell（1991）提出了在自变量和响应变量均为函数性变量情况下的线性模型；Brumback 和 Rice（1998）利用函数性方差分析（FANOVA）的方法，对 91 名妇女妊娠素代谢物的浓度进行了研究；Spitzner，Marron 和 Essick（2003）将 FANOVA 与一混合模型结合起来，研究了人的触摸感觉问题；James（2002）提出了一个有趣的估计曲线的组间及组内变化程度的方法。

Cardot，Ferrat 和 Sarda（2003）讨论了响应变量为标量、预报变量为函数的线性回归模型；James（2002）在广义线性模型中引入了函数性预报变量；Müller 和 Stadtmüller（2005）对响应变量为标量、预报变量为随机函数的广义函数线性回归模型系数函数的估计与推断问题进行了研究。他们将函数性预测变量用有限维基函数展开，并在此基础上对模型中参数进行估计和统计分析。他们还利用协方差函数特征函数的正交基提出了广义回归模型的渐进理论，对模型进行了模拟，并用其分析地中海果蝇数据；Cai 和 Hall（2006），Hall 和 Horowitz（2007）对标量响应的函数性线性回归模型估计的渐近级数进行了研究。

Escabias，Aguilera 和 Valderrama（2004）将函数性线性模型与 PCA 结合起来，以减少自变量空间的维数；Cardot，Crambes，Kneip 等（2007）以及 Harezlak，Coull，Laird 等（2007）研究了含误差自变量的函数性线性模型求解问题，这里处理噪声的方法是利用粗糙惩罚法对模型进行优化；Bosq（2000）详细介绍了函数性线性模型在时间序列分析中的应用，文中用滞后的响应变量作为自变量进行了分析。

Ramsay 和 Silverman（2006）在其专著中对函数性线性模型的研究成果进行了系统总结，他们依据响应变量和预报变量是函数性变量还是标量，将函数性线性回归模型分为函数性响应变量与标量预报变量模型、函数性响应变量与函数性预报变量模型，以及标量响应变量与函数性预报变量模型三种类型，对这些模型的参数函数估计、置信区间（线）、粗糙惩罚法修匀等问题进行了详尽的讨论。

作为函数性广义线性模型的一个特例，函数性 Logistic 模型利用样本曲线的信息来预测某事件发生的可能性，通过函数性变量随时间的变化预测二元响应变量的变化；Ratcliffe（2002）基于模拟的胎儿心率轨迹建立了函数性 Logistic 模型，并用其预测出生风险的比例；Escabias，Aguilera 和 Valderrama（2004）提出了用函数性预报变量的主成分作为模型的协变量估计函数性 Logistic 模型的参数，同时提出了选择模型的两种方法，并在模型模拟的基础上对这两种方法进行比较；Escabias，Aguilera 和 Valderrama（2005）建立了干旱率与温度曲线之间的函数性 Logistic 模型，并对模型的回归参数进行了解释。

(6) 函数性数据分析中的微分方程方法

在函数性数据分析中，有一种方法利用拟合的光滑函数的导函数对数据进行分析，如 Ramsay，Wang（1995）采用主微分分析方法对手指捏力数据进行了分析；Ramsay 和 Silverman（1997，2002，2006）就函数性数据分析中微分方程方法的思想、微分算子系数的估计及方法的应用进行了较为系统地研究。

(7) 函数性数据的聚类分析

在函数性数据的聚类分析方面，国外学者也做了不少工作，如 Tokushige，Inada 和 Yadohisa（2002）针对函数性数据的相异性给出了度量方法，并结合系统聚类方法对气温数据进行了分析；Hall 和 Heckman（2002）提出了基于 L_2 距离的聚类方法，但这种方法只有在曲线具有大致相同的几何形状时才会得到较理想的聚类结果；Tarpey 和 Kinateder（2003）从主点的角度讨论了函数性数据的聚类，将无穷维的函数性聚类问题转化为有限维数据的聚类问题；Ferreira 和 Hithcock（2009）对函数性数据的分层聚类方法进行了研究，他们对分层聚类法中的四种方法，即单链接法、完全链接法、平均链接法和 Ward 方法应用于函数性数据时的优缺点进行了比较，得出了一些有价值的结论；James 和 Sugar（2003）通过建立模型对稀疏函数性样品的聚类问题进行了分析；Peng 和 Müller（2008）基于距离研究了随机过程的稀疏取样聚类问题，并将其方法应用于网上拍卖数据的分析中。

1.2.2 国内研究现状

从现有文献来看，国内对函数性数据分析方法的研究起始于 2007 年左右，在短短的几年时间里，经过中国学者的努力，取得了不少研究成果。

在函数性数据分析的思想与方法方面，严明义（2007，2010）就函数性数据分析的思想与方法进行了论述，并将其用于网上拍卖等经济数据的分析中；严明义和杜鹏（2010）采用相平面图对中国消费价格指数进行了分析；耿贵珍（2011）对函数性数据的一些模型进行了分析，内容包括函数性线性模型、投影追踪模型、函数性自回归预测模型；胡宁（2011）就函数性数据的主成分、聚类、判别和假设检验等方法进行了分析；米子川（2012）在简要回顾函数性数据分析方法发展过程的基础上，评述了其研究的技术框架以及与传统多元统计方法的差异。

在函数性数据的聚类分析方面，曾玉钰和翁金钟（2007）给出了一种基于函数单调区间的聚类方法，这种方法在分析波幅比较小的函数性数据时是一个很好的思路；王劼，黄可飞和王惠文（2009）结合傅里叶基函数和主成分分析给出了一种对函数性数据进行聚类的方法，并对多普勒超声造影样本资料进行了分析。

在函数性数据的主成分分析方面，曲爱丽和朱建平（2009）对函数性数据的共同主成分分析进行了探讨；靳刘蕊（2010）利用函数性主成分分析研究了我国财政支出的变化模式；李纪华和张倩肖（2012）利用函数性主成分分析方法与方差分析方法对不同行业上市公司并购重组进行了分析；苏为华，孙利荣和崔峰（2013）对函数性数据的综合评价方法进行了研究，通过与传统方法的比较，发现基于函数性数据所构建的方法具有较好的评价效果。

在函数性数据的主微分分析方面，张莹和叶振军（2009）简单介绍了主微分分析方法的原理和金融应用；刘亮亮（2013）介绍了函数性数据的主微分分析方法，并用其对中国银行间同业拆借的发展变化趋势进行了分析。

在函数性数据的线性回归分析方面，朱建平和靳刘蕊（2009）利用回归模型参数基函数展开的方法对函数性线性模型进行了讨论；耿贵珍（2011）就函数性线性模型及其扩展进行了讨论。

1.2.3 国内外研究文献评析

(1) 国外研究文献评析

从前面国外研究现状的分析可以看出，国外学者关于函数性数据分析方法的研究做了大量的工作，他们在离散数据的函数化处理、粗糙惩罚法、函数列齐（套准）、函数性数据的聚类分析、函数性数据的假设检验、典型相关分析、函数性数据的微分方程方法等方面的研究中，取得了很多有价值的成果，尤其在函数性数据的主成分分析、函数性线性回归模型两方面的研究更多、更深，取得的成果也最多。但是，综合来看，有关函数性数据的聚类分析方法缺乏系统的研究文献，对函数性数据分析时微分方程（算子）的设定、多元函数性主成分分析的模型和权函数的估计方法论述较少，对函数性 Logistic 回归模型的分析和应用相对薄弱，对函数性线性回归模型的比较优势缺乏实证分析。

另外，国外学者在对函数性数据分析方法的应用研究中，所涉及的数据主要来源于生物、医学以及工程领域，对经济领域的函数性观测关注较少。由于经济数据与自然科学中收集的数据相比，具有难以控制的特点，致使数据误差较大，如调研获得的微观数据往往具有较大的误差，因此，有必要对函数性数据的分析方法在经济函数性数据分析中的表现进行探讨。

（2）国内研究文献评析

从函数性数据分析方法的理论研究层面来看，尽管中国学者做了一些研究，但是研究文献数量与国外相比极其有限，现有文献大多涉及方法的应用，鲜有文献对方法自身理论特性进行探讨。

从函数性数据分析方法的应用层面来看，现有研究很少涉及对不同于传统数据形式的函数性观测的分析，如数据呈现不等间隔分布等，未能真正显示函数性数据分析方法的优越性。另一方面，在应用函数性数据分析方法分析经济数据时，对所得结果的经济解释不够深刻，有些文献只是对方法的简单应用，未考虑利用方法所得的结果是否与实际经济预期一致，是否能够利用经济理论对其进行解释等。

1.3 主要研究内容、基本思路和方法

1.3.1 主要研究内容

主要研究内容有以下九个方面：

（1）函数性数据分析方法的研究现状和经济应用

作者主要从以下方面对国内外研究文献进行回顾与评析：1）离散观察数据的函数化处理；2）函数性数据的注册或特征列齐；3）函数性数据分析中的假设检验问题；4）函数性数据的变异性分析；5）函数性线性回归模型；6）函数性数据分析中的微分方程方法；7）函数性数据的聚类分析。

（2）经济函数性数据的本质特征

以实际收集的经济案例数据为例，对函数性数据的特征及其与传统统计数据的区别进行分析，就经济函数性数据与一般自然科学领域收集的函数性数据的误差、波动性等特征进行说明，对经济变量之间的导数关系进行论述。

（3）经济函数性数据分析中常用的基函数系统和修匀

基于常见经济函数性数据的变动规律，就描述周期数据和非周期性数据的傅立叶基函数系统和B－样条基函数系统进行讨论，对其修匀方法及粗糙惩罚法的思想和修匀机制进行分析。基于对经济函数性数据的修匀处理，进一步通过概括性函数对其进行描述性分析，呈现经济函数性变量的变动特征。

（4）相平面图的经济应用

通过对经济函数性数据的产生过程函数的修匀处理，获取函数的一阶和二阶导函数，并绘制反映两者关系的相平面图。利用相平面图对实际的经济函数性观测数据进行分析，揭示经济函数性变量的行为特征。

（5）多元函数性主成分分析方法及其结果的经济解释

首先建立多元函数性主成分分析的数学模型，对其权函数的计算方法进行推导，其次用其分析实际的经济函数性数据，对估计出的权函数的几何图形展示的信息从经济学视角进行解读。

（6）函数性方差分析与函数性 Logistic 回归

首先阐述函数性方差分析的模型和计算过程，并用其对经济函数性数据进行分析。其次，分别就单函数性自变量和多函数性自变量的函数性 Logistic 模型进行讨论，并用其分析实际的经济问题。

（7）函数性数据分析方法与其他数据分析方法的优劣比较

函数性数据分析方法因其涉及的数据结构形式不同于传统统计方法分析的数据形式，故其方法自身就具有一定的优越性，如函数性主成分分析、函数性线性模型等。因此，如果用传统统计方法分析仅适合函数性数据分析方法的数据形式，然后得出后者优于前者的结论，这种比较未免有失合理。因为公平合理地比较应是数据结构形式也能为传统统计方法所用，然后对其使用效果进行分析比较。作者重点对相平面图所能揭示的数据特征和经济变量行为进行分析，对函数性线性回归模型的比较优势进行讨论。

（8）函数性数据的聚类

对现有文献提出的函数性数据聚类方法以相异性度量为主线进行总结整合，对函数性数据相异性度量方法的优劣进行比较，选择实际经济问题和聚类方法对经济函数性数据进行聚类分析。

(9) 函数性数据分析方法的计算机实现

对现有分析函数性数据的程序语言进行说明，对基于 MATLAB 的函数性数据分析方法的编程和一些基本的函数程序进行解读。

1.3.2 研究的基本思路

研究思路是：

研究方法现状→理论和应用中存在的问题→方法创新→方法应用

①研究方法现状是对函数性数据分析方法的现有研究论题与成果进行梳理。

②理论与应用中存在的问题研究是通过对国内外现有研究文献的评析，找出现有理论研究和方法应用存在的不足，确定研究的主题和具体研究内容。

③方法创新是基于函数性数据分析方法研究中存在的不足展开研究，相关研究存在的不足主要体现在：有关函数性数据的聚类分析方法缺乏系统的研究文献，对函数性数据分析时微分方程（算子）的设定、多元函数性主成分分析的模型和权重函数的估计方法较少论述，对函数性 Logistic 回归模型的分析和应用相对薄弱，对函数性线性回归模型的比较优势缺乏分析。

④方法应用是利用相关研究方法对所选择的经济问题及其函数性观测，通过基于 MATLAB 编程进行分析，并比较相关方法与其他非函数性数据分析方法的优劣。

1.3.3 研究方法

(1) 跨学科的综合研究方法

综合数学、统计学、工程学、力学、经济学等学科的知识，对经济函数性数据进行分析：①将修匀（smoothing）和插值（interpolation）技术引入到经济函数性数据的分析中；②通过对经济函数性数据的修匀处理，将一阶或多阶导数，如速度和加速度，引入到分析过程中来；③将数据曲线的振幅变化与相位变化分开处理；④将多元统计分析中的聚类分析、主成分分析、线性模型等理论与方法推广到函数性数据的分析中；⑤利用数学中的微分方程知识探讨函数性数据的微分方程处理方法。

（2）理论与应用相结合的研究方法

对函数性数据分析方法进行研究，同时又将其应用于具体的经济函数性数据的分析中，通过对所获结果的经济学解释探讨分析方法，挖掘经济信息的优势。

1.4 研究的重点难点、主要观点与创新点

1.4.1 研究的重点和难点

（1）研究的重点

研究的重点是：①经济函数性数据的结构特征；②多元函数性主成分分析的模型和权重函数的估计方法；③函数性数据相异性的度量方法；④函数性 Logistic 回归模型；⑤函数性数据分析时微分方程（算子）的设定；⑥分析方法的计算机实现。

（2）研究的难点

研究的难点是：①如何选择具有实际研究价值的经济问题，其观察数据的结构形式不同于传统的数据结构，特别是其观测时点在观测期内呈现

不等间隔分布。②针对研究的经济问题，如何收集和整理经济函数性数据。一般来源于各种统计年鉴、网络数据库等的数据，虽易于收集，但数据的观测时点基本呈现等间隔分布。当然，我们也可以针对某一具体经济问题进行实际调研或从网上收集数据，如网上拍卖问题，但网上往往以网页呈现信息，因此，如何收集需要的网页并从网页上抽取需要的信息、如何又将有些信息转化为数据等极具挑战性。当需要的样本容量成千上万时，数据收集工作需要消耗大量的时间。③对函数性数据进行分析，现有的 SPSS、EViews、SAS 等统计软件不能直接应用，需要研究人员就具体问题和数据进行编程处理，所以函数性数据分析方法的计算机实现问题尤为突出。

1.4.2 主要观点和创新点

（1）主要观点

通过对函数性数据分析方法的理论研究和具体经济应用，发现较之传统的数据分析方法，函数性数据分析方法在某些方面具有更多的优越性，一方面能够揭示其他方法所不能揭示的数据特征，另一方面具有比较优势。具体表现在：①函数性数据分析方法是用较少的假设来研究曲线间和曲线内部的结构变化。在实践中，经济数据的产生过程往往不具备其他量化分析方法需要的假设前提，因而限制了一些方法的应用；②将一阶或多阶导数引入到分析过程中，通过绘制相平面图展示信息，利于探索经济函数性变量的动态结构和动态结构随不同参数变化的规律；③函数性数据的分析方法，如函数性主成分分析、线性模型等，能够揭示经济变量的动态演变规律，既能显示研究对象相关效应强度的大小，又能呈现效应的时段特征；④通过对同一组经济函数性数据使用函数性回归模型、VAR 模型、ARIMA 模型和灰色 GM（1，1）模型，并对结果进行比较分析，发现函数性回归模型在预测稳定性和预测精度两方面均有较好地表现。

（2）创新之处

本研究可能的创新体现在以下几个方面：

1）对函数性数据分析方法的理论研究与经济应用紧密结合

将函数性数据分析方法应用于经济问题的分析中，对经济函数性数据的分析不是简单的方法应用，而是首先选择有研究价值的经济问题，收集整理其数据，并对分析结果进行经济解释，强调方法计算结果与经济预期的一致性和经济视角下的可解释性，拓宽了函数性数据分析方法的应用领域。

2）弥补了现有研究的不足

对函数性数据分析时微分方程（算子）的设定、函数性 Logistic 回归模型参数函数的估计方法和应用进行了讨论，对函数性数据的聚类方法以相异性度量为主线进行了整合，对函数性主成分分析的模型和权重函数的估计方法进行了推导，对函数性数据分析方法的优劣进行了讨论，特别对函数性线性回归模型的比较优势进行了实证分析。

3）对函数性数据分析方法的计算机实现问题进行了讨论

对现有分析函数性数据的程序语言进行了说明，对基于 MATLAB 的函数性数据分析方法的编程和一些基本的函数程序进行了解读，并编写了文中分析相关经济函数性数据的程序代码。

4）为研究经济问题引入了新的方法

通过对选择的实际观察时点呈现不等间隔分布的经济函数性数据的分析，真正显示了函数性数据分析方法在经济研究中的优越性。另外，本书对实际经济函数性数据的分析过程和结果的解释，想必能为经济领域其他研究者起到一定的示范作用；对函数性数据分析方法计算机实现问题的讨论，一定程度上会节省初次使用者的宝贵时间。

第二章

函数性数据及其特征：以网上拍卖为例

本章以一个经济问题——网上拍卖为例，分析函数性数据的特征，同时说明经济函数性数据的常见性。出于具体分析过程对网上拍卖知识需要的考虑，本章主要阐述网上拍卖的概念、机制以及网上拍卖竞买者的出价记录与数据收集方法等。

2.1 拍卖与网上拍卖

网上拍卖是将传统拍卖与网络相结合的一种新的商务模式，是对资源进行有效配置的一种市场机制。它利用网络及其技术平台将所售物品或服务的相关信息，以网页的形式加以呈现，并通过竞争性投标过程将物品或服务出售给出价高的竞买者。这种商务模式，一方面能够透明地呈现所售产品的属性和价格，使得竞买者能够更多地了解产品并评估其价值；另一方面可以扩大卖家产品的经营范围和销售区域，同时减少其营运成本，从而使企业的利润得以增加。因此，卖家将原来利用标价或议价机制进行交易的物品或服务，纷纷通过网上拍卖进行销售；原来利用竞标决定价格的市场机制也基于网上方式进行交易。

2.1.1 拍卖及其机制

《辞海》中对拍卖的解释是："商业中的一种买卖方式，卖方把商品卖给出价最高的人"；牛津词典对拍卖的解释是："一种将物品卖给出价最高的人的公开销售方式"；《中华人民共和国拍卖法》第三条对拍卖的解释是："拍卖是指以公开竞价的方式，将特定物品或者财产权利转让给最高应价者的买卖方式。"

拍卖是在市场参与者出价的基础上根据一系列明确的规则决定资源配置和资源价格的一种市场机制（McAfee 和 McMillan，1987）。拍卖是一种市场机制，它是基于明确的规则及投标人竞价形成的价格对资源进行配置。一般称欲获得资源者为投标人（竞买者），拥有资源者为招标人（卖家），一个完整的拍卖是招标人和投标人共同参与的拍卖。拍卖是世界上最古老的价格发现机制之一，它是通过一定的组织机构在确定的时间和地点，以公开竞价的方式，将特定物品或财产权利转让给最高应价者的买卖方式。拍卖一般具有以下基本的特征（黄正伟和郑霞忠，2008）：①以买家竞价的方式进行交易；②通过一定的组织机构有组织地进行；③公开竞买的交易形式；④现货交易；⑤具有独特的法律和规章；⑥在一定的时间内集中进行。

拍卖是一种有效的资源配置方式（Klemberer，2003），是市场经济的必然产物，其公开、公正、公平的特点能够取得交易双方信任。由于拍卖具有丰富和活跃市场、发现和引导市场的功能，因此，越来越多的交易采用拍卖的方式进行。

拍卖方式是拍卖机构进行拍卖活动的具体运作手段，由于文献依据的分类标准不同，学者们对拍卖方式有不同的分类。依据拍卖中买家和卖家的数量，拍卖分为双边拍卖（双向拍卖）、单边拍卖、单边反向拍卖三种，称拍卖中有多个买家和卖家的拍卖为双边拍卖，有一个卖家和多个买家的拍卖为单边拍卖，有一个买家和多个卖家的拍卖为单边反向拍卖；依据拍卖物品是同一性质物品还是不同性质物品，单边拍卖又可分为单一物品拍卖和组合拍卖，单一物品拍卖又可进一步分为连续可分物品拍卖、多个物品拍卖和单个物品拍卖三种。本书讨论的拍卖为单个物品拍卖，即一个不可分割物品的拍卖。

在单个物品拍卖中，Wiggans（1980）按照拍卖的不同机制，将拍卖分为封标拍卖、增价拍卖和减价拍卖三种形式；Rothkopf，Teisberg 和 Kahn（1990）按照价格是否公开，将拍卖分为公开拍卖和密封拍卖。无论怎样划分，在理论和实践中被人们广泛分析和应用的拍卖方式有四种（Ockenfels，Reiley 和 Sadrich，2006）即英式拍卖、荷兰式拍卖、第一价封标拍卖和第二价封标拍卖。

（1）英式拍卖（English auction）

英式拍卖亦称为增价拍卖（ascending - price auction），是最为流行的拍卖方式。每个竞买者对拍卖物品进行报价，拍卖价格逐渐升高，直到在一定时间段内无新的报价高过当前的报价为止。英式拍卖操作简单，被广泛用于文物、艺术品、工艺品、专利等的拍卖中。

(2) 荷兰式拍卖 (Dutch auction)

荷兰式拍卖亦称为减价拍卖（decending - price auction），因最早用于荷兰鲜花的拍卖中而得名。荷兰式拍卖是先由拍卖商叫出一个潜在的最高价，然后依次降低价格，直到有人购买为止。荷兰式拍卖中，物品的价格在拍卖开始时处于一个相对高的水平，之后价格持续下降。竞买者依据当前观察到的价格决定在该价格下购买物品，还是继续等待价格下降，一定价格下的第一个应价者即为获胜者。荷兰式拍卖多用于易腐、易烂物品的拍卖，如鲜花、水果、蔬菜、鲜活产品等。

(3) 第一价封标拍卖 (the first - price sealed - bid)

封标拍卖是卖家对拍卖物品核定保留价值后将其密封，交由拍卖人宣布该物品的估价。竞买者秘密函寄投标，将自己的报价递交给拍卖人，经过拍卖人审查，最高报价者即为获胜（中标）者。按获胜者的报价将物品授予该获胜者的拍卖称为第一价封标拍卖。这一拍卖方式大量用于政府采购合同的拍卖（McAfee 和 McMillan，1987），也用于矿产权拍卖，间或也用于艺术品和不动产的拍卖。

(4) 第二价封标拍卖 (the second - price sealed - bid)

第二价封标拍卖也是竞买者将自己的报价秘密递交给拍卖人，最高报价者即为获胜（中标）者，赢得该物品。与第一价封标拍卖不同的是获胜者支付的不是他自己的报价，而是第二高报价。这种拍卖方式是由 Vickrey（Vickrey，1961）提出的，故文献中也称其为 Vickrey 拍卖。尽管第二价封标拍卖在理论上有优势，但在实际中却很少被采用。

2.1.2 网上拍卖及其与传统拍卖的差异

(1) 网上拍卖及其机制

目前，网上拍卖常见的拍卖方式有四种，即英式拍卖、荷兰式拍卖、第一价封标拍卖和第二价封标拍卖，此外，还有双边拍卖和反向拍卖等。随着网上拍卖的发展，最近又出现了更加适应于互联网的集体议价方式、多属性拍卖方式及 Yankee 拍卖等方式。一般的拍卖网站并不只使用一种拍卖方式，而是将多种拍卖方式相结合。上面已就传统拍卖中的英式拍卖、荷兰式拍卖、第一价封标拍卖、第二价封标拍卖、双边拍卖和反向拍卖进行了说明，故此不再赘述。下面仅就集体议价、多属性拍卖及 Yankee 拍卖予以解释。

1）集体议价（group – buying auction）

集体议价是一种创新的网上拍卖方式，它利用互联网将买家的购买力组织在一起，从而使得组织中的每个成员都能获得价格折扣。集体议价方式凭借互联网的力量，将零散的消费者及其购买需求有效地集聚，形成了类似集团采购的庞大定单，从而能够与供应商讨价还价，以争取最大的优惠折扣，使组织成员收益。

2）多属性拍卖（multi – attribute auction）

多属性拍卖方式允许买卖双方就拍卖品的多个属性同时进行谈判。一般的拍卖方式只有一个需要协商的属性—价格，对拍卖品的其他属性，如交货期、交货方式、卖家信誉等重要因素未予以考虑，多属性拍卖方式弥补了这个缺陷。

3）Yankee 拍卖（Yankee auction）

Yankee 拍卖是多个物品拍卖的一种方式，出价最高者获胜。如果最高价格相同，购买量最大者获胜；如果最高价格和购买量相同，则出价早者获胜。

（2）网上拍卖与传统拍卖的差异

与传统拍卖相比，网上拍卖有许多与之不同之处：

1）拍卖活动的场所

传统拍卖一般要求参加拍卖活动的竞买者共处一室，并且实时投标，即在一定的场所和环境中进行。网上拍卖中，参加拍卖的竞买者散布于世界各地，且一般是自由灵活地异步投标。

2）拍卖物品的价值区间和种类

传统拍卖中，拍卖物品的价值一般昂贵（如艺术品、不动产、大型机器设备、石油开采权等)。网上拍卖中，拍卖物品的价值范围大（从几元到上千万元不等），拍卖物品的种类繁多。

3）拍卖期限

传统拍卖中的拍卖期限一般都很短，而网上拍卖中的拍卖期限种类较多较长，有1天、3天、5天、7天、14天等多种拍卖期限供卖家选择，也有很短的闪电式拍卖（1分钟和3分钟）。

4）拍卖活动的参与成本

传统拍卖的参与成本较大，拍卖行通常对买家和卖家按成交比例收取一定的费用，有时为避免卖家设置过高的保留价还向卖家收取罚金。如索斯比（Sotheby's）向买家和卖家分别收取成交价的15%和20%作为佣金，加上其他方面的费用，总佣金超过成交价的30%（舒彤，俞海，王寿阳等，2007）。

网上拍卖中，买家和卖家不受时间和空间的限制，可以方便地通过网络参与拍卖，大大减少了参与成本，特别是以C2C为主的网站（如eBay），从每笔交易中收取的佣金大约5%，且一般不向买家收取佣金。

5）拍卖活动的结束规则

传统拍卖中，拍卖师三声询问无人应答后即宣布拍卖结束，出价最高者获胜。网上拍卖中，一般有基于时间的固定结束规则（如eBay）和基于活动的可延迟结束规则（如Amazon）。

6）拍卖信息

传统拍卖中信息的披露分为两个阶段，投标准备阶段和竞标阶段。在投标准备阶段，竞买者可通过广告、公告及专家的评估等对拍卖物品的价值信息进行了解，对这些公开信息了解的时间可持续几天至几周。在竞标阶段，竞买者还可以根据拍卖过程中其他竞争者的出价修改自己对拍卖品价值的估价。

网上拍卖中，一件拍卖品在拍卖前很少有广告和公告，因此，竞买者不能从投标准备阶段获取拍卖品的相关信息，仅能够从竞标阶段卖家对拍卖品的描述和其他竞争者的报价中获取信息。所以，网上拍卖中存在着严重的信息不对称。

7）中介机构的服务

传统拍卖中，拍卖中介机构（拍卖行或拍卖公司）同时代表买卖双方的利益，依照法律和相关章程的规定进行拍卖活动，且中介机构有义务保证拍卖的公正性和公平性。网上拍卖中，中介机构是拍卖网站，它一般不对买卖双方的拍卖行为承担法律责任，拍卖中产生的风险由买卖双方共同承担。

2.2 网上拍卖中竞买者的出价记录

2.2.1 出价记录

在拍卖网站上，如果买家想以尽可能低的价格购得物品，那么他可以参加拍卖竞标；如果他想更快地购买物品，则可以选择固定价购买。不管是哪种情况，买家的任何出价都等价于与卖家签订了具有法律约束力的合约。

eBay 上的物品多采用拍卖的方式登录，且多采用英式拍卖。卖家在 eBay 上刊登物品须首先注册成为 eBay 用户，并且要通过卖家认证。eBay 服务向导会引导卖家填写物品的拍卖方式及欲拍卖物品的相关信息。拍卖方式有两种，即竞价和定价；拍卖物品的信息涉及物品的名称、数量、物品说明、物品所在地等。卖家随其意愿既可选择所售物品的拍卖方式，以及起标价、一口价和底价（保留价）等，还可选择拍卖的期限，即拍卖持续的时间（一般有 1 天、3 天、5 天、7 天、10 天、14 天等）。

买家在竞买时能够得到拍卖物品的信息，内容涉及物品的说明、出价记录、目前的最高出价、拍卖的剩余时间等。同时，买家还可以了解到卖家的信用评价、注册日期等信息。具体情况参见图 2－1（eBay 苹果手机拍卖的网页资料）。在物品的拍卖过程中，一般会有多位对该物品感兴趣的竞买者对物品出价，拍卖结束时的最高出价者一般会获得该物品。买家在竞标时，拍卖网站要求其每次出价都要比上一个报价至少有一定额度的增加量。

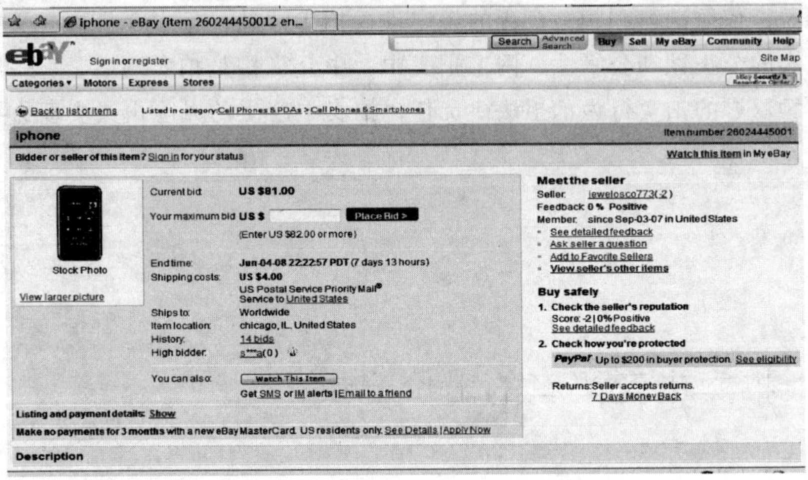

图 2－1 eBay 苹果手机拍卖的网页截图

买家点击拍卖物品网页下部的拍卖记录（history），可以看到其他竞买者对正在拍卖物品的详细出价记录（见表 2－1）。另外，eBay 网站对于已经结束拍卖的物品的出价至少保留 30 天，不过出价记录并非根据出价时间的先后顺序进行排列，而是依据出价金额从高到低排列。

表 2－1 eBay 香港网站 Motorola 手机（MotoQ）出价记录表

出价者	出价金额	出价时间
atticus759（1）	US $210.00	2008－02－18 13 小时 02 分 18 秒
e*** t（0）	US $210.00	2008－02－19 23 小时 30 分 52 秒
e*** t（0）	US $201.56	2008－02－19 23 小时 30 分 38 秒
atticus759（1）	US $200.00	2008－02－18 07 小时 58 分 52 秒
e*** t（0）	US $196.06	2008－02－19 23 小时 30 分 17 秒
0*** a（1）	US $190.00	2008－02－18 08 小时 06 分 50 秒
0*** a（1）	US $185.00	2008－02－18 08 小时 06 分 20 秒
0*** a（1）	US $180.00	2008－02－18 08 小时 06 分 04 秒
0*** a（1）	US $170.00	2008－02－18 08 小时 05 分 54 秒
0*** a（1）	US $165.00	2008－02－18 08 小时 05 分 44 秒
0*** a（1）	US $160.00	2008－02－18 08 小时 05 分 31 秒

续表

出价者	出价金额	出价时间
0*** a (1)	US $150.00	2008-02-18 03 小时 48 分 14 秒
0*** a (1)	US $130.00	2008-02-18 03 小时 40 分 41 秒
d*** f (0)	US $115.00	2008-02-18 03 小时 24 分 28 秒
0*** a (1)	US $110.00	2008-02-18 02 小时 38 分 59 秒
d*** f (0)	US $110.00	2008-02-18 03 小时 24 分 09 秒
d*** f (0)	US $100.00	2008-02-15 07 小时 29 分 57 秒
起标价	US $99.99	2008-02-14 23 小时 42 分 32 秒

资料来源：本表由 www.ebay.com.hk 上 Motorola 手机（MotoQ）拍卖的相关网页资料整理而来。

2.2.2　eBay 网站上的拍卖品数量

每天在全球 eBay 网站销售的产品非常多，据有关资料显示，任何时间均有超过一亿零四百万件的商品在全球各地待售，且每日均会增加逾 650 万件的全新商品，归属于 30 多个大类。我们在研究网上拍卖问题时，曾从 eBay 网站横跨 17 个拍卖大类（27 个拍卖子类）共收集拍卖 4282 个，总计出价 96106 次，得到类似图 2-1 和表 2-1 的资料 4282 组。所选拍卖中，7 个拍卖类（9 个拍卖子类）包含 3 天、5 天、7 天和 10 天四个期限的拍卖（古董 3 天期拍卖未收集到），10 个拍卖类（18 个拍卖子类）仅含 7 天期拍卖，其中有 7 个拍卖子类其拍卖品的同质性很强。之所以如此选取拍卖样本，是因为 eBay 网上拍卖中 7 天期限的拍卖最多，较多的样本选取有利于分析 7 天期拍卖的普遍特征。另外，我们从各子类所选拍卖的个数以当时各类拍卖物品的总件数而定，具体样本选择情况见表 2-2 和表2-3，表中每项中前一个数字是拍卖个数，括号里的数字是出价次数。

表 2-2 7个包含不同期限拍卖类（9个拍卖子类）的样本选择情况

<table>
<tr><th colspan="2">类别</th><th>3 天</th><th>5 天</th><th>7 天</th><th>10 天</th></tr>
<tr><td colspan="2">古董</td><td></td><td>20（420）</td><td>132（2882）</td><td>46（936）</td></tr>
<tr><td colspan="2">手机与 PDA</td><td>211（5382）</td><td>103（2549）</td><td>39（1278）</td><td>4（123）</td></tr>
<tr><td colspan="2">相片</td><td>57（1225）</td><td>29（653）</td><td>62（1426）</td><td>8（197）</td></tr>
<tr><td rowspan="2">硬币与纸币</td><td>硬币</td><td>24（505）</td><td>26（502）</td><td>217（4263）</td><td>34（694）</td></tr>
<tr><td>纸币</td><td>12（223）</td><td>25（495）</td><td>144（2719）</td><td>18（356）</td></tr>
<tr><td rowspan="2">珠宝与手表</td><td>珠宝</td><td>12（233）</td><td>36（744）</td><td>96（2211）</td><td>61（1506）</td></tr>
<tr><td>手表</td><td>21（473）</td><td>15（286）</td><td>130（2894）</td><td>11（655）</td></tr>
<tr><td colspan="2">健康与美容</td><td>25（592）</td><td>74（1973）</td><td>133（3309）</td><td>16（386）</td></tr>
<tr><td colspan="2">艺术</td><td>3（70）</td><td>5（124）</td><td>44（941）</td><td>55（1363）</td></tr>
<tr><td colspan="2">总 计</td><td>365（8703）</td><td>333（7746）</td><td>997（21923）</td><td>253（6216）</td></tr>
</table>

资料来源：本表由所选拍卖样本资料整理而来。

表 2-3 18个7天期拍卖子类的样本选择情况

<table>
<tr><td rowspan="2">儿童用品</td><td rowspan="2">58（1283）</td><td rowspan="2">傢私与园艺</td><td>傢私</td><td>60（1243）</td></tr>
<tr><td>园艺</td><td>50（1293）</td></tr>
<tr><td>书籍</td><td>46（812）</td><td colspan="2">乐器</td><td>61（1335）</td></tr>
<tr><td>服装与鞋</td><td>119（3284）</td><td colspan="2">瓷器与玻璃器具</td><td>74（1532）</td></tr>
<tr><td>收藏品</td><td>30（655）</td><td colspan="2">运动品</td><td>49（1028）</td></tr>
<tr><td>工艺品</td><td>24（568）</td><td colspan="2">邮票</td><td>50（1265）</td></tr>
<tr><td>男装</td><td>212（2156）</td><td colspan="2">门票类</td><td>396（10396）</td></tr>
<tr><td>儿童书籍</td><td>168（3045）</td><td colspan="2">手机</td><td>188（5576）</td></tr>
<tr><td>照相机镜头</td><td>210（5322）</td><td colspan="2">雕刻</td><td>360（7009）</td></tr>
<tr><td>勋章</td><td>179（3716）</td><td colspan="2">拍卖总计</td><td>2334（51518）</td></tr>
</table>

资料来源：本表由所选的7天期拍卖的样本资料整理而来。

2.3 网上拍卖中竞买者出价数据的特征

从上面关于竞买者出价过程和拍卖品类别的描述，特别是拍卖物品的出价记录表（见表 2 –1）可以看出，网上拍卖数据与传统统计数据有显著的差异，有其独有的特征，具体表现在数据容量大、具有混合性、不等间隔分布及数据密度不均匀等几个方面。

2.3.1 数据容量

随着人们消费方式的改变和拍卖网站的发展，越来越多的商品采用网上拍卖方式进行销售。因此，拍卖网站上有大量的拍卖物品，每一件物品的拍卖网页又包含多方面的信息，如物品的名称、数量、物品说明、物品所在地、拍卖的起止时间、拍卖的期限、起标价、卖家和买家的信用指数和信用评价星号等级、买家的出价记录等。观察表 2 –1 显示的 eBay 香港网站上已结束拍卖的 Motorola 手机（MotoQ）的出价记录，这里共有 4 个竞买者，出价 17 次，最高出价为 210 美元。同时，出价记录中还显示了与出价者交易过的 eBay 会员数目及对出价者的评价。

由以上分析可以看出，网上拍卖数据的容量很大，而且维度也高。大量丰富的网上拍卖数据及可获性为实证研究提供了资料，如 Bapna，Jank 和 Shmueli（2007）在“网上拍卖消费者剩余”的研究中使用了 4514 个 eBay 拍卖的数据，拍卖产品横跨 18 个类；Ghani 和 Simmons（2004）的研究中，考虑了 2004 年 2 月 eBay 上 PDA 类产品的拍卖，拍卖中的物品数量达 491727 件。

虽然大量丰富的网上拍卖数据为实证研究网上拍卖问题提供了可能，

但规模大、维度高的网上拍卖数据同时带来了数据存储和处理方面的困难，增加了研究者的分析计算负担。

2.3.2 数据的混合性

网上拍卖数据，特别是物品拍卖的出价记录，既具有横截面特性（属性信息），又具有时间序列特性（纵列信息），即是横截面数据和时间序列数据相结合的数据，因此网上拍卖中的出价数据具有混合性特征。一般来说，一个包含 N 个记录的样本，由 N 个时间序列构成，每一个时间序列又与一组属性相关联。如 eBay 网站物品拍卖的出价记录，每个拍卖以与时间有关的出价金额展示，同时又与拍卖属性，如卖家的信用指数、竞买者信用指数等相联系。表 2－4 给出了 eBay 7 天期古董第一号拍卖的相关信息数据结构。另一个例子是 Yahoo! Moves 上的电影评级，用户可在 Yahoo! Moves 上以不同方式对电影进行评级，于是自某部电影上演之日起每天的平均等级就构成了一个时间序列，且这个时间序列还与电影的流派、批评等属性有关。

表 2－4　　eBay7 天期古董第一号拍卖的数据结构

拍卖号	竞买者	竞买者信用指数	出价金额	出价时间	起标价	成交价	卖家信用指数	卖家好评度（%）	国籍
260250546755	azaiqiil	2	$56.00	6.9997	$0.99	$56.00	2293	98.10	美
260250546755	e*** l	9	$55.00	6.9999	$0.99	$56.00	2293	98.10	美
260250546755	azaiqiil	2	$53.00	6.9991	$0.99	$56.00	2293	98.10	美
260250546755	azaiqiil	2	$52.00	6.9991	$0.99	$56.00	2293	98.10	美
260250546755	azaiqiil	2	$51.00	6.999	$0.99	$56.00	2293	98.10	美
260250546755	azaiqiil	2	$50.00	6.9989	$0.99	$56.00	2293	98.10	美
260250546755	e*** l	9	$50.00	6.9996	$0.99	$56.00	2293	98.10	美
260250546755	e*** l	9	$45.00	6.999	$0.99	$56.00	2293	98.10	美
260250546755	azaiqiil	2	$40.00	6.9965	$0.99	$56.00	2293	98.10	美

续表

拍卖号	竞买者	竞买者信用指数	出价金额	出价时间	起标价	成交价	卖家信用指数	卖家好评度（%）	国籍
260250546755	e***l	9	$40.00	6.9987	$0.99	$56.00	2293	98.10	美
260250546755	e***l	9	$38.00	6.9984	$0.99	$56.00	2293	98.10	美
260250546755	e***l	9	$35.00	6.963	$0.99	$56.00	2293	98.10	美
260250546755	azaiqiil	2	$30.00	6.9547	$0.99	$56.00	2293	98.10	美
260250546755	e***l	9	$30.00	6.9627	$0.99	$56.00	2293	98.10	美
260250546755	e***l	9	$22.00	6.9625	$0.99	$56.00	2293	98.10	美
260250546755	e***l	9	$20.00	6.9621	$0.99	$56.00	2293	98.10	美
260250546755	e***l	9	$16.00	6.9619	$0.99	$56.00	2293	98.10	美
260250546755	e***l	9	$12.00	6.9616	$0.99	$56.00	2293	98.10	美
260250546755	e***l	9	$10.00	6.8945	$0.99	$56.00	2293	98.10	美
260250546755	azaiqiil	2	$1.04	6.9527	$0.99	$56.00	2293	98.10	美
260250546755	e***l	9	$0.99	6.8942	$0.99	$56.00	2293	98.10	美
260250546755	起标价		$0.99	0					

资料来源：本表由 eBay7 天期古董第一号拍卖的网页资料整理而来。

2.3.3　数据不等间隔分布

如果将网上拍卖中竞买者的每次投标看作一个事件，那么这个事件会受到竞买者登录网站的时间和其所处的地理位置的影响，其结果是新事件到来的时间是随机的，间隔时间的差异非常大，即事件到来的时间不等间隔分布。观察表 2-1 中 Motorola 手机（MotoQ）的出价记录发现，第一个出价（US $100.00）到来的时间是 2008 年 2 月 15 日的上午 7 点 29 分 57 秒，第二个出价（US $110.00）到来的时间是 2008 年 2 月 18 日的凌晨 2 点 38 分 59 秒，第三个出价（US $110.00）到来的时间是 2008 年 2 月 18 日的凌晨 3 点 24 分 9 秒，第四个出价（US $115.00）到来的时间是 2008

年2月18日的凌晨3点24分28秒。为了能够清晰地看出时间的分布，将表2－1中出价到来的时间以天为单位表示，具体结果见表2－5，出价时间与出价金额的分布见图2－2。

表2－5　　以天为单位表示的出价时间与出价金额

出价时间	出价金额 US $	以天表示的时间
2008－02－18 13小时02分18秒	210	4.5433
2008－02－19 23小时30分52秒	210	5.9798
2008－02－19 23小时30分38秒	201.56	5.9796
2008－02－18 07小时58分52秒	200	4.3325
2008－02－19 23小时30分17秒	196.06	5.9794
2008－02－18 08小时06分50秒	190	4.338
2008－02－18 08小时06分20秒	185	4.3377
2008－02－18 08小时06分04秒	180	4.3375
2008－02－18 08小时05分54秒	170	4.3373
2008－02－18 08小时05分44秒	165	4.3373
2008－02－18 08小时05分31秒	160	4.3372
2008－02－18 03小时48分14秒	150	4.1585
2008－02－18 03小时40分41秒	130	4.1533
2008－02－18 03小时24分28秒	115	4.142
2008－02－18 02小时38分59秒	110	4.1104
2008－02－18 03小时24分09秒	110	4.1418
2008－02－15 07小时29分57秒	100	1.3125

资料来源：本表由表2－1中的数据换算而来。

从图2－2可清楚地看出，出价（事件）到来的时间间隔差异非常大，明显地呈现不等间隔分布，这是网上拍卖中竞买者出价数据的另一个典型特征。竞买者出价数据的这个特征与传统时间序列分析中数据的时间特征形成了鲜明地对比，传统时间序列分析中的观察数据往往以事先设定的时间顺序记录，如按日、周、月、季节、年等的记录。无论时间采用那种尺度，观察时点之间的间隔是相同的。如果将观察时点序列记为$\{t\}$，则在传统时间序列分析中，数据观察时点 $t,t+1,t+2,\cdots$ 之间的间隔是一样的，而在网上拍卖的出价记录中，时点 $t,t+1,t+2,\cdots$ 之间的间隔差别很大。如表 2－2 所示，若将第一个事件（出价）来到的时间记为 $t=1.3125$，则 $t+1=4.1104$，$t+2=4.1418$，它们之间的间隔明显不同。

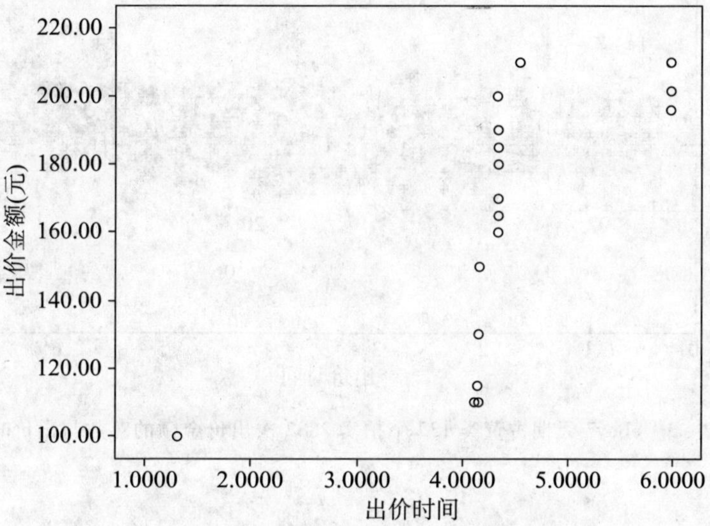

图 2－2　出价时间与出价金额的分布

2.3.4　数据密度不均匀

因心理、经济或其他原因所致，网上拍卖中竞买者出价的时间序列数据会呈现密度不均的特征，即在有些时间段出价次数较少，数据稀疏，而在有些时间段出价频繁，数据密集。较具说明性的例子是 eBay 网上拍卖的出价，大量频繁的出价集中在拍卖后期，从而导致拍卖期间有些时段上出价特别稀少。观察图 2－2 发现，eBay 香港网站上 Motorola 手机（MotoQ）的出价集中在第四天至第五天，在接近拍卖结束的时刻，接连有 3 次出价，而在第一天上午八点以后至第四天开始一直没有出价，数据出现的密度严重不均。通过对其他网上拍卖出价数据的分析，均存在这种情况。如图 2－3 是 eBay7 天期古董类 132 个拍卖 2882 次出价金额的对数与出价时间的散点图（利用出价金额的对数是为了更清晰的展示出价数据的分布特征），从图上可以看出出价数据在整个拍卖期内分布不均匀，最后一天的出价明显密集，在第四天的出价最为稀少。

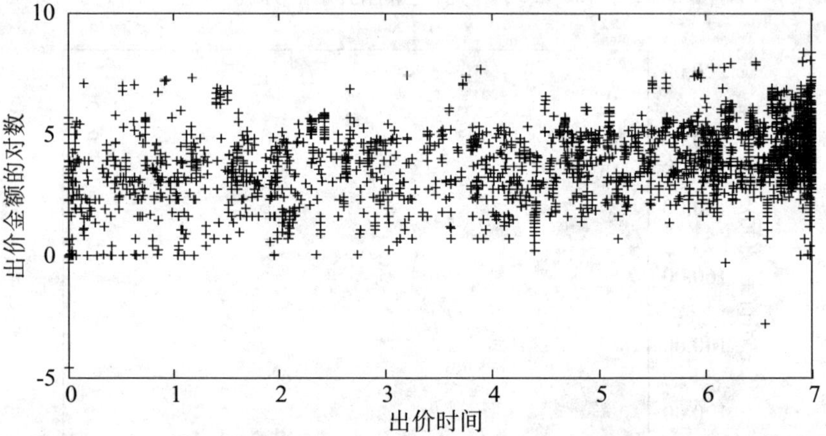

图 2-3 eBay7 天期古董类 132 个拍卖 2882 次出价金额的对数与出价时间

2.4
网上拍卖数据的函数性数据分析方法

网上拍卖数据的混合特征，似乎可以使用计量经济学中的面板数据分析方法来处理，但面板数据分析方法依赖一定的假设条件，这就使得它在网上拍卖数据分析中的应用受到局限。另外，网上拍卖数据的不等间隔分布特征使得面板数据的分析方法难以对其应用，同时也使得传统的时间序列分析方法难以用到网上拍卖数据的分析过程。

综上所述，网上拍卖数据具有的大容量、混合性、不等间隔分布与密度不均匀特征，对传统统计分析方法提出了挑战。因此，寻求分析网上拍卖数据可行的、有效的方法就显得尤为重要。事实上，类似网上拍卖数据的例子也很多，如 Ramsay 和 Silverman（2002）中研究人体增长曲线时利用的数据也具有不等间隔特征。

通过本章分析发现，函数性数据较传统数据分析中的横截面数据、时间序列数据和面板数据具有显著不同的特征，其外在表现往往呈现函数性特征，其本质为数据的产生过程为一个匀滑的函数过程，这也是称其为函数性数据的缘由，也是对函数性数据进行分析的前提假设。由于一个时间序列数据或面板数据可以当做一个观测时点等间隔分布的函数数据来对待，因此，函数性数据类型更具一般性。

第三章

函数性数据的修匀

函数性数据分析的首要工作是将观测到的离散数据转化为一个函数，且要求这个函数具有一定程度的匀滑性，从而为后续分析奠定基础。

因此，本章首先阐述了函数性数据的结构与分析假设，然后论述了对数据进行修匀的基函数方法和粗糙惩罚方法。

3.1 导　言

3.1.1 函数性数据的结构与分析假设

如果一个随机变量在无穷维空间或函数空间取值，则称其为一个函数性变量，称其观测为函数性数据。在此变量为一个连续的函数过程（随机曲线）时，可将其表示为$\{x(t), t \in T\}$，其中，在一维时$T \subseteq R^1$，二维时$T \subseteq R^2$，其余类此，其容量为N的样本（N次实现或N条样本路径）记为$x_i(t)$，$i = 1, 2, \cdots, N$，它们独立且与$x(t)$具备相同的分布（Ferraty 和 Vieu，2006）。若对每一个函数$x_i(t)$观测n_i次，观测时点记为t_{ij}，$j = 1, 2, \cdots, n_i$，函数性数据集由数据对$(t_{ij}, x_i(t_{ij}))$组成，其中$i = 1, 2, \cdots, N$，$j = 1, 2, \cdots, n_i$。这里的观测时点$\{t_{ij}, j = 1, 2, \cdots, n_i\}$对每一个$x_i(t)$的记录可能取相同的值，也可能随不同$x_i(t)$的记录而变化。函数性数据分析（functional data analysis，FDA）的基本思想是把每一个样本观测看做一个整体，而不是个体观测值的序列。术语“函数性”意指数据的内在结构，而不是数据的外在表现形式，即数据的产生过程是一个函数过程。

由上面对函数性变量进行具体观测时获得的数据集结构可以看出，实际中获得的数据往往是离散的且只有有限多个，而在一般的函数形式中，已知函数在其自变量（如时间）的取值范围（定义域）内却包含无穷多个值。另外，为了能够进一步反映函数性数据的特征，可能会利用函数的导数。因此，在函数性数据分析中，首要的工作是将观测到的离散数据转化为一个函数。具体地讲，就是利用某次观察的原始数据推断出潜在的函数$x(t)$，它在某一区间上所有自变量t处的值都被估算了出来。如果获得的离散数据没有误差，那么称这个过程为插值（interpolation）；如果获得的离散数据含有观测误差，且需要把这些观测性误差消除掉，那么将离散性数据转换为函数时，就需要对数据进行修匀，即进行光滑处理（smoothing）。

在考虑样本中诸 $x_i(t)$ 的共性特征时，出于叙述方便的考虑，本书在讨论时略去下标 i（相当于考虑 $N=1$ 的情况），此时 $x(t)$ 的一个函数性观测由 n 对 (t_j, y_j) 组成，其中 y_j 是 $x(t_j)$ 的观察值，类似于函数在自变量 t_j 处的一张快照。另外，通常假定变量 t 的感兴趣的取值范围界于一个区间 T，并且 $x(t)$ 隐含或明显地在区间 T 上满足合理的连续性或匀滑条件。假设 $x(t)$ 满足此类条件，研究者就能够对实际观察时点以外的任何 t 值做出推断。有些时候变量具有周期性，例如一年，这意味着函数应满足周期性边界条件，即函数在区间 T 的起始点上的值可由其在区间末端上的值匀滑地推出。

3.1.2　观察误差和抽样

匀滑性对于保证潜在函数 $x(t)$ 是否具有所需阶数的导函数具有重要的作用。由于原始数据存在观察误差或噪音，特别是经济数据，其观测误差一般要大于实验室测量数据的误差。这是因为经济数据与自然科学中收集的数据相比，具有收集过程难以控制的特点（如家庭收入、消费数据），致使数据误差较大。另外，虽然金融数据较之宏观经济数据具有较小的测量误差，但金融数据中有些数据是高频数据或超高频数据（如股票价格数据），从而数据包含的“噪音”会更多一些。一般而言，实际观察到的数据 y_j 与潜在函数之间有如下的关系：

$$y_j = x(t_j) + \varepsilon_j,\ j = 1, 2, \cdots, n \tag{3.1}$$

其中 ε_j 表示因扰动、误差、偏离及其他外生因素导致的原始数据的“粗糙”。将离散观察数据转化为函数实质是由原始数据复原潜在函数，其中一项任务就是试图尽可能有效地过滤掉噪音。在有些情况下，将噪音从数据中过滤出去还有另一种备选方法，它是对分析结果的平滑性而不是对分析的数据进行考虑。

在传统统计模型的分析中，通常假设 ε_j 独立同分布且具有均值和有限的方差，也常假定这些分布具有相同的方差 σ^2。但在另外一些情况下，特别是经济数据的分析中，因许多经济变量的波动程度往往大小不一，因此，异方差以及相邻变量值之间诸 ε_j 的协方差必须引起重视。另外，误差或扰动项之间可能是乘积而非简单地加总，在这种情况下对数据使用对数变换可能会更加方便。

原始数据的抽样率（sampling rate）或分辨能力（resolving power）是相对于数据的弯曲程度的观测时点 t_j 的密度，不是观测时点 t_j 的简单个数 n。抽样率或分辨能力在分析函数性数据中可能出现的特征时具有举足轻重的作用，是分析数据局部特征必须考虑的因素。在微分几何中，通常利用函数二阶导函数的绝对值 $|D^2x(t)|$ 度量其图像曲线在 t 处的弯曲程度，称为曲率（curvature）。局部观测时点的多寡与函数变量的曲率有关，一般而言，曲率越大，就越需要有足够的观测时点数以使对函数的估计有效；当误差水平小且曲率平缓时，可使用较低的抽样率。

3.1.3 函数性数据分析的假设条件

在函数性数据的分析中，我们假定产生数据的函数过程是光滑的过程，这样一来，相邻观测时点处的函数值存在一定程度的相关，差异不大，否则，处理函数性数据的思路与多元统计的数据分析思路就没有差异。所谓“匀滑”（smooth），意思是指函数具有一阶或多阶导函数。

3.2 数据修匀的基函数方法

这里讨论的是将原始离散数据转化为光滑函数的方法，本节的论题包括“函数性”的含义，函数匀滑性的概念及其与函数的导函数之间的关系。

展示函数的主要方法是利用基函数的线性组合，这样做有许多优点，一是它能够储存函数的信息，并使我们在处理成千上万的数据点时的计算能力更加灵活；二是，它能够使研究者利用矩阵代数的工具处理相关运算问题；三是，从实际应用来看，基函数方法实用性强，不会对研究者处理问题带来限制。这里重点讨论两个基函数系统，一是傅里叶基函数，一是 B - spline（B - 样条），前者适合描述周期性数据，后者适合于无明显周期性的函数性数据。当然，还有其他一些基函数系统，如小波基（wavelets）、指数与幂基（exponential and power bases）、多项式基（polynomial bases）、折线基（polygonal basis）、阶梯函数基（step - function basis）、常数基（constant basis）等，具体情况参见 Ramsay 和 Silverman（1997，2006）。

3.2.1　利用基函数表示函数

一个基函数系统是指一组数学上相互独立的已知函数。设有一组基函数 $\phi_k(t)$，$k=1,\cdots,K$，并用基函数的线性组合给出函数 $x(t)$ 的估计 $\hat{x}(t)$，即

$$\hat{x}(t) = \sum_{k=1}^{K} c_k \phi_k(t) \tag{3.2}$$

基函数的选择对于导函数的估计也很重要，例如，若上式成立，则有

$$D^m(\hat{x}(t)) = \sum_{k=1}^{K} c_k D^m(\phi_k(t))$$

其中，$D^m(\cdot)$表示函数的 m 阶导函数。因此，在选择基函数时，不但要考虑函数的估计，还要考虑一阶或多阶导函数的估计。

傅立叶基（Fourier basis）和 B - 样条基（B - spline basis）是至今最为重要的两个基函数，大多数实际问题的数据可用它们进行处理，前者适合于周期性函数数据，后者适合于非周期性函数数据。另外，利用基函数的线性组合对数据进行修匀时，一个需要解决的问题是确定基展开式中的

系数 c_k，$k=1,2,\cdots,K$。通常使用的方法是最小二乘准则，即

$$\min\sum_{j=1}^{n}\left[x(t_j)-\hat{x}(t_j)\right]^2 \tag{3.3}$$

或

$$\min\sum_{j=1}^{n}\left[x(t_j)-\sum_{k=1}^{K}c_k\phi_k(t_j)\right]^2 \tag{3.4}$$

假设基函数 $\phi_k(t)$（$k=1,2,\cdots,K$）在观察时点 t_j（$j=1,2,\cdots,n$）处的函数值构成的 $n\times K$ 阶矩阵为 $\Phi=\{\phi_k(t_j)\}$ 且满秩，$y=(y_1,y_2,\cdots,y_n)'$，$y_j=x(t_j)$（$j=1,2,\cdots,n$），$c=(c_1,c_2,\cdots,c_K)'$则（3.4）式的矩阵表达式为

$$\min(y-\Phi c)'(y-\Phi c)$$

这个法则下的最小化解是 $c=(\Phi'\Phi)^{-1}\Phi'y$。

3.2.2 描述周期性数据的傅立叶基函数系统

最有名的基展开式可能是由如下的傅立叶级数给出

$$\hat{x}(t)=c_0+c_1\sin\omega t+c_2\cos\omega t+c_3\sin2\omega t+c_4\cos2\omega t+\cdots \tag{3.5}$$

其基函数为 $\phi_0(t)=1$，$\phi_{2r-1}(t)=\sin r\omega t$，$\phi_{2r}(t)=\cos r\omega t$。这个基函数（系统）具有周期性，参数 ω 决定了周期为 $2\pi/\omega$，它与我们感兴趣的区间 T 的长度相等。如果 t_j 在区间 T 中等间隔取值，则在交叉乘积矩阵 $\Phi'\Phi$ 为对角阵的情况下，这个基函数系统是正交的，进一步可通过将基函数除以合适的常数（$j=0$ 时为$\sqrt{n}$，其他 j 时为 $\sqrt{n/2}$）将其转换为单位正交基。

在使用傅立叶基函数系统对函数进行展开时，导函数的估计很简单，因为

$$D\sin r\omega t=r\omega\cos r\omega t$$

$$D\cos r\omega t=-r\omega\sin r\omega t$$

这意味着 Dx 的傅立叶展开式的系数为

$$(0,\ c_1,\ -\omega c_2,\ 2\omega c_3,\ -2\omega c_4,\ \cdots),$$

D^2x 的系数为

$$(0,\ -\omega^2c_1,\ -\omega^2c_2,\ -4\omega^2c_3,\ -4\omega^2c_4,\ \cdots)$$

同理，我们可以通过各系数与 $r\omega$ 合适的幂之乘积，及合适的正负号和正、余弦系数的交替变换求得更高阶导数。

在实际应用傅立叶基函数时应加鉴别，因为它具有局限性。傅立叶级数特别适用于极其稳定的函数，即函数没有很强的局部特征，曲率具有类似的规律。傅立叶级数的周期性应该在某种程度上从数据中反映出来，傅立叶基产生的展开式通常均匀光滑，因此它不适合已经知道或预计函数过程（数据）不连续的情形，或仅具有低阶导数的函数过程（数据）。

3.2.3 样条函数与 B－样条基函数

对非周期函数性数据或参数进行拟合时，最常见的选择是样条函数(spline fuction)。样条相当灵活地将可以快速计算的多项式组合起来，并且只需要一个适中的基函数个数。另外，基函数系统对样条函数的发展，要求与 n 成比例的计算量，由于很多应用涉及数千或者数百万的观测值，所以计算量是需要重视的一个问题。在本部分，我们首先考察样条函数的结构，然后描述构建常用基系统的 B－样条系统（B－spline system）。

（1）样条函数与自由度

样条是一种特殊的函数，由多项式分段定义。英文样条 spline 来源于可变形的样条工具，是一种在造船和工程制图中绘制光滑形状的工具。

首先，由称为断点（breakpoints）或节点（knots）的点 T_l（$l=1,\cdots,L-1$）将待拟合函数的定义区间分割为 L 个子区间。在每一个子区间上，一个样条是一个指定阶数（设为 m）的多项式。定义一个多项式所需常系数的个数为多项式的阶数（order），它等于多项式的次数（degree）加 1。相邻的多项式在节点处匀滑地连接，节点将它们分割为阶数大于等于 1 的样条（spline），因此，函数在内节点处（连接点）的函数值是相等的，且直到 $m-2$ 阶的导函数也在这些连接点处相匹配。

若将函数的定义区间分割为 L 个子区间，则内节点数为 $L-1$。由于多项式的阶数为 m，故需要估计的多项式的系数共有 mL 个，而关于函数值及直到 $m-2$ 阶的导函数在$(m-1)(L-1)$个节点处的匹配会产生$(m-1)(L-1)$个约束方程。所以，拟合时需要估计的系数个数（自由度）为 $mL-(m-1)(L-1)=m+L-1$，即自由度等于多项式的阶数与内节点的个数之和；若没有内节点，样条就转化为简单的多项式。另外，需要注意的是，节点与断点是有区别的，术语“断点”指的是节点值唯一的节点的个数，而术语“节点”指的是断点处的值序列。

（2）样条函数的 B－样条基

上面已经给出了样条函数的定义，下面给出一个使用基函数系统构建样条函数的方法。尽管有很多方法可以构建这样的系统，而由 de Boor（2001）提出的 B－样条基系统最为流行，其处理 B－样条的编码使其在多种程序语言下使用，如 R、S－PLUS、MATLAB。de Boor（2001）和 Schumaker（1981）还讨论了其他的样条基系统，如截断幂函数、M－样条等。

m 阶 B－样条基函数有一个性质，即在不超过 m 个的相邻子区间中函数取值为正，这个性质称为紧支撑性（compact support property），这个特性对计算效率的提高非常重要。设有 K 个 B－样条基函数，这些函数的内积构成了一个 K 阶带状结构的矩阵，只有位于主对角线上、下的 $m-1$ 个次对角线上的元素取非零值。这意味着不管 K 多大、所处理的数据值有多大，样条函数的计算都只会线性地以 K 增加。这样，样条具有潜在的诸如傅立叶基、小波基之类的正交基系统的计算优势。

关于样条函数不少文献进行了讨论，系统且深入的论述可见 de Boor（2001）。Ramsay 和 Silverman（2006）就 B－样条基函数进行了易于掌握的讨论，其针对入门者的知识介绍见函数性数据分析网站 www. functional-data. org。

3.3 数据修匀的粗糙惩罚方法

通过前面利用基函数方法对数据进行修匀的讨论发现，如果基函数具有与数据的生成过程相同的本质特征，那么基展开式就可以很好地对函数

$x(t)$进行展示，即它提供了一个好的近似。例如，当我们所观察到的数据呈现周期性且波动程度在任意的区间都相近时，傅立叶基就是合理的选择。但是，基展开式在匀滑程度的控制上不够灵活，不具有连续可控性。在实际对函数性数据的分析中，我们不但关心拟合的程度，同时还关心拟合函数的光滑程度，为利用拟合函数的导函数进一步分析数据的特征奠定基础。一般而言，拟合的程度越高（准确），拟合结果（函数）的波动程度就越大。为了达到既拟合得好，同时又使拟合结果足够光滑，可将对函数“粗糙”的惩罚引入到目标函数中，以综合这两个相悖的目标。

3.3.1 粗糙惩罚修匀的思想

对函数粗糙（波动）程度进行测度的常用方法是基于函数的曲率，即对二阶导数的平方取积分：

$$PEN_2(x) = \int_T \{D^2 x(s)\}^2 ds \tag{3.6}$$

上式实际上是对 $x(t)$的总曲率进行评价，或者说 $x(t)$对直线的偏离程度。因此，波动性较大的函数就会有较高的 $PEN_2(x)$值。于是，调和数据拟合程度与估计结果光滑程度两个目标的综合准则为带惩罚的残差平方和，即

$$PENSSE_\lambda(x \mid y) = \sum_{j=1}^{n} \{y_j - x(t_j)\}^2 + \lambda \cdot PEN_2(x) \tag{3.7}$$

通过最小化 $PENSSE_\lambda(x)$，便可得到 $x(t)$的估计函数 $\hat{x}(t)$。

在（3.7）式中，体现拟合程度的是右端第一项，即残差平和；体现函数波动程度的是 $PEN_2(x)$。参数 λ 被称为平滑参数或修匀参数，较大的 λ 意味着函数非线性程度将会在综合准则 $PENSSE_\lambda(x)$中受到更大的粗糙惩罚，即相对于数据的拟合程度，$PENSSE_\lambda(x)$更关注函数的光滑性。特别是，当 $\lambda \to \infty$ 时，拟合的函数曲线将接近于对观测数据的标准线性回归（因为 $PEN_2(x)=0$）。当 λ 较小时，即使曲线波动较大，对其粗糙惩罚也较小；当 $\lambda \to 0$ 时，拟合的函数曲线将接近于对观测数据的插值，对所有的 j 有 $x(t_j) = y_j$ 成立。

3.3.2 粗糙惩罚调整修匀程度的机理

在不考虑粗糙惩罚的情况下，类似3.2.1中字母的意义和做法，我们用基函数 $\phi_k(t)$（$k=1,\cdots,K$）的线性组合表示函数 $x(t)$，即

$$x(t) = \sum_{k=1}^{K} c_k \phi_k(t) \tag{3.8}$$

在加权最小二乘 $(y-\Phi c)'W(y-\Phi c)$ 达到最小的意义下，c 的最优解为 $(\Phi' W\Phi)^{-1}\Phi' Wy$，即

$$\hat{c} = (\Phi' W\Phi)^{-1}\Phi' Wy \tag{3.9}$$

其中，y 是需要修匀的数据列向量，W 为权重矩阵。于是，y 的拟合值构成的列向量 $\hat{y}$ 为

$$\hat{y} = \Phi\hat{c} = \Phi(\Phi' W\Phi)^{-1}\Phi' Wy \tag{3.10}$$

考虑函数 $x(t)$ 的 m 阶导函数 $D^m x(t)$，用其刻画函数粗糙（波动）程度的更一般的公式为

$$PEN_m(x) = \int_T \{D^m x(s)\}^2 ds$$

若令 $\phi(s)$ 是诸 $\phi_k(t)$（$k=1,\cdots,K$）构成的列向量，

$$R = \int_T D^m \phi(s) D^m \phi'(s) ds \tag{3.11}$$

则有

$$PEN_m(x) = \int_T \{D^m x(s)\}^2 ds = c' Rc \tag{3.12}$$

于是，与（3.7）式对应的较一般的带惩罚的残差平方和为

$$PENSSE_m(y|c) = (y-\Phi c)' W(y-\Phi c) + \lambda c' Rc \tag{3.13}$$

关于 c 使用矩阵微分，可得

$$\hat{c} = (\Phi' W\Phi + \lambda R)^{-1}\Phi' Wy \tag{3.14}$$

$$\hat{y} = \Phi(\Phi' W\Phi + \lambda R)^{-1}\Phi' Wy \tag{3.15}$$

比较（3.10）式和（3.15）式发现，当 $\lambda=0$ 时，两者相等。通过变动 λ 的取值，可以达到对数据修匀程度的调整。合适的 λ 如何选取，需要使用交叉验证法，Ramsay 和 Silverman（1997，2006）对其进行了详细论述。另外，在对（3.11）式矩阵 R 的积分进行计算时，需使用数值积分方法。

第四章

函数性数据的描述性分析

在传统统计分析中，均值、方差等概括性统计量经常被用来描述数据的特征。在函数性数据分析中，也需要一些概括函数性数据特征和规律的量。本章首先给出了函数性变量的均值函数、方差函数等概括性统计量的定义，然后用其分析陕西省第三产业吸纳劳动力问题。

4.1 函数性数据的概括统计量

在对函数性数据进行分析时，为了初步掌握函数性数据的特征和规律，便于更深入地分析，与传统的统计分析一样，需要寻找能够反映数据特征的代表值。设 $x(t)$ 为函数性变量，其容量为 N 的样本（在经济分析中往往表现为 N 个个体）为 $x_i(t)$，$t \in T$，$i = 1,2,\cdots,N$，基于这 N 个函数可定义函数性变量 $x(t)$ 的均值函数、方差函数、协方差函数、相关系数函数、交叉协方差（cross - covariance）函数及交叉相关（cross - correlation）函数如下。

（1）均值函数和方差函数

$x(t)$ 的均值函数定义为

$$\bar{x}(t) = N^{-1} \sum_{i=1}^{N} x_i(t), \qquad \forall t \in T \tag{4.1}$$

它是将函数样本逐个加总的算术平均值。

$x(t)$ 的方差函数定义为

$$\mathrm{var}_x(t) = (N-1)^{-1} \sum_{i=1}^{N} [x_i(t) - \bar{x}(t)]^2, \quad \forall t \in T \tag{4.2}$$

$x(t)$ 的标准差函数是方差函数的平方根。

（2）协方差函数与相关系数函数

对于 t 的取值范围 T 中任意的 t_1 和 t_2，$x(t_1)$ 和 $x(t_2)$ 的协方差函数定义为

$$\mathrm{cov}_x(t_1,t_2) = (N-1)^{-1} \sum_{i=1}^{N} \{x_i(t_1) - \bar{x}(t_1)\}\{x_i(t_2) - \bar{x}(t_2)\}, \quad \forall t_1,t_2 \in T \tag{4.3}$$

$x(t_1)$和$x(t_2)$的相关系数函数定义为

$$corr_x(t_1,t_2)=\mathrm{cov}_x(t_1,t_2)/\sqrt{\mathrm{var}_x(t_1)\mathrm{var}_x(t_2)},\quad \forall t_1,t_2\in T \tag{4.4}$$

由（4.3）式和（4.4）式可以看出，$\forall t_1,t_2\in T$有

$$\mathrm{cov}_x(t_1,t_2)=\mathrm{cov}_x(t_2,t_1),\quad corr_x(t_1,t_2)=corr_x(t_2,t_1)$$

即协方差函数与相关系数函数关于t_1和t_2具有对称性。

（3）交叉协方差函数与交叉相关函数

实际应用中，如果有成对的函数性样本数据$\{x_i(t),y_i(t)\}$（$i=1,2,\cdots,N$），则可利用交叉协方差函数来度量它们之间的相互依赖关系：

$$\mathrm{cov}_{x,y}(t_1,t_2)=(N-1)^{-1}\sum_{i=1}^{N}\{x_i(t_1)-\bar{x}(t_1)\}\{y_i(t_2)-\bar{y}(t_2)\},\quad \forall t_1,t_2\in T \tag{4.5}$$

交叉相关函数定义为

$$corr_{x,y}(t_1,t_2)=\mathrm{cov}_{x,y}(t_1,t_2)/\sqrt{\mathrm{var}_x(t_1)\mathrm{var}_y(t_2)},\quad \forall t_1,t_2\in T \tag{4.6}$$

由（4.5）式和（4.6）式可以看出

$$\mathrm{cov}_{x,y}(t_1,t_2)\neq\mathrm{cov}_{x,y}(t_2,t_1),\quad corr_{x,y}(t_1,t_2)\neq corr_{x,y}(t_2,t_1)$$

即交叉协方差函数与交叉相关函数关于t_1和t_2不具有对称性。

4.2 实例分析

表4－1是陕西省第三产业历年就业人数的分类数据，它将陕西第三产业划分为九类行业。为叙述简单，九类行业从左到右分别记为Case1，Case2，…，Case9，即Case1表示“交通运输仓储和邮电通信业”，其余照此类推。利用基于MATLAB编写的程序，对数据进行修匀处理（smoothing），并绘出九类行业就业人数的修匀曲线（见图4－1）。这里，我们以年度为节点，使用6阶B－样条，修匀参数$\lambda=0.1$。由曲线图4－1可以

看出，每个个体（行业）对应着一条曲线（其数学表达式为函数），这是将多个行业历年的就业人数记录看作函数的根本理由，也是函数性数据分析的出发点。

表 4－1　　陕西第三产业就业人数分类数据　　单位：万人

年份	交通运输仓储和邮电通信业	批发零售贸易和餐饮业	金融保险业	房地产业和社会服务业	卫生体育和社会福利业	教育文化艺术和广电业	科学研究和综合技术服务业	机关社会团体	其他
1980	23.3	37.9	2.7	2.1	9	27.1	5.3	15.4	1.8
1981	19.2	38.8	3	2.4	12.5	38.4	6.6	18.7	0.4
1982	20	42.3	3.1	2.6	12.7	38.8	7.1	20.8	0.6
1983	22	46.9	3.2	3	13.8	41.2	9.9	20.5	0.5
1984	27.2	56.3	3.5	3	13.9	41.5	8.5	23.6	6.5
1985	32.8	64.4	4.7	3.7	14.3	44.4	8.7	26.3	0.7
1986	36.2	62	4.8	10.3	15.2	43.2	8.5	27.4	24.4
1987	38.3	67	5.1	10.5	15.5	44.6	8.4	27	16.6
1988	39.1	69.5	6.2	11.5	15.7	45.2	8.2	28.5	21.1
1989	51.8	62.7	6.3	10.4	15.9	45.3	8.4	39.5	17.7
1990	42	71	6.7	15.5	16.9	46.3	8.9	40.5	16.2
1991	44	76.4	7	13.1	16.7	46.9	9.2	45.9	12.8
1992	44.4	80.9	7.6	14.3	17.8	47.3	9.5	41	20.2
1993	48.5	87.5	8.1	13.4	11.4	44.3	9.2	32.5	57.1
1994	52	95.4	9.8	14.4	11.9	46.1	8.4	33.4	60.6
1995	78.1	75.9	9.7	15.7	12.5	47.4	9.2	34	68.5
1996	58.3	114.9	10.8	16.8	12.2	47.4	8.7	36.1	76.8
1997	61.6	116	11.4	18.3	12.2	49	9.8	37.1	84.6
1998	64.2	127.3	11.9	22.9	13.1	49.2	9.1	35.7	99.6
1999	64.7	135.7	12.8	25.1	13.3	50.4	9.2	37.8	103
2000	67.3	152.8	12.5	28.6	13.3	51.1	9	38.3	131.1
2001	63.7	140.2	13.8	28.8	13.5	52.4	8.7	38.4	134.5
2002	64.6	162.5	13.7	45.5	13.4	52.3	8.9	39.5	162.6
2003	65.5	194.9	14.4	72.1	18	65.1	16.5	53.5	51
2004	63.4	183.1	14.9	37.3	14.2	54.1	22.3	41.7	212.5

资料来源：历年《陕西统计年鉴》及《陕西五十年》。

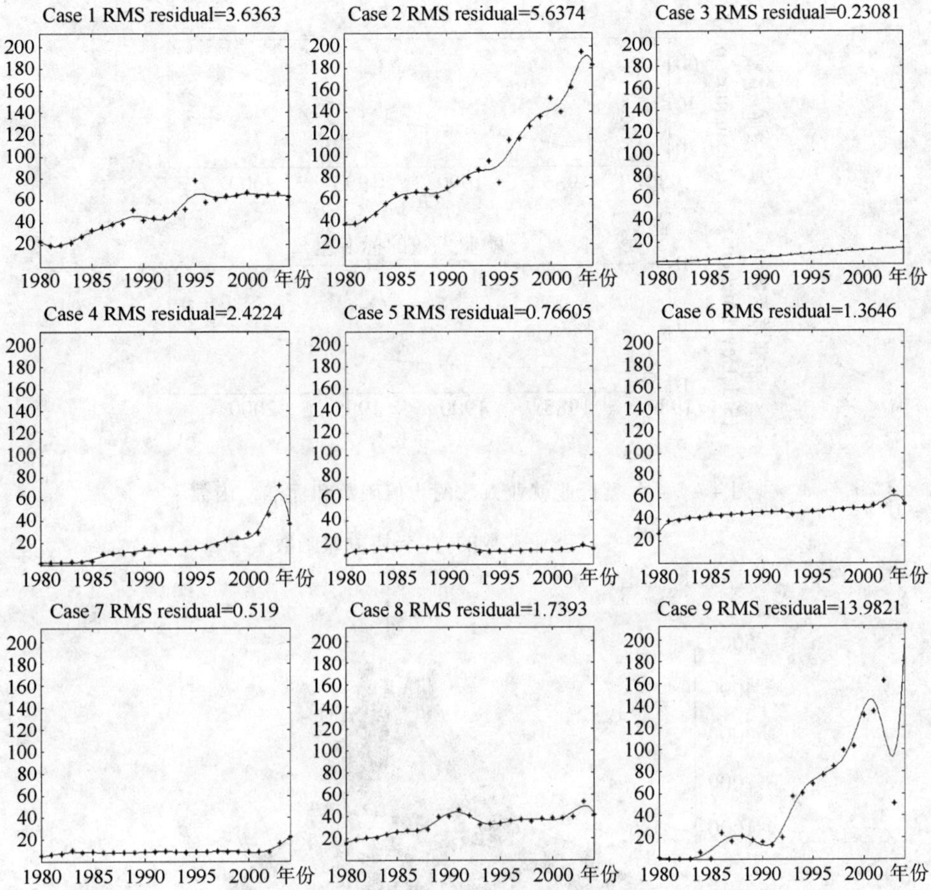

图 4－1　九类行业就业人数的修匀曲线

利用基于 MATLAB 编写的程序，我们绘出了九类行业就业人数的均值函数、标准差函数、协方差与相关系数函数的曲线图，详见图 4－2、图 4－3 和图 4－4。在协方差函数图形中，为了易于观察，在图形中加进了等高线。

从图 4－2 平均就业人数的曲线可以看出，随着时间的推移，陕西第三产业发展迅速，就业人数不断增加；从就业人数的标准差曲线图可以看出，随着年份向现在靠近，陕西第三产业就业人数的波动程度越来越大。这说明随着时间的推移经济环境的变化，不同行业吸纳劳动力的能力差异越来越大，就业人数由一些行业越来越向另一些行业转移，出现了向个别行业“集聚”的现象。

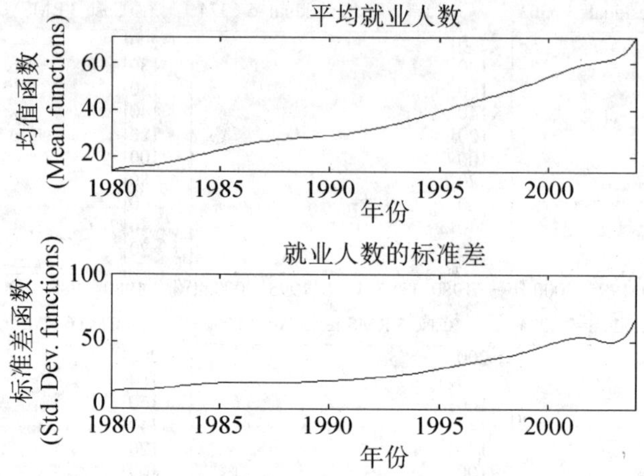

图 4－2　九类行业就业人数的均值函数和标准差函数

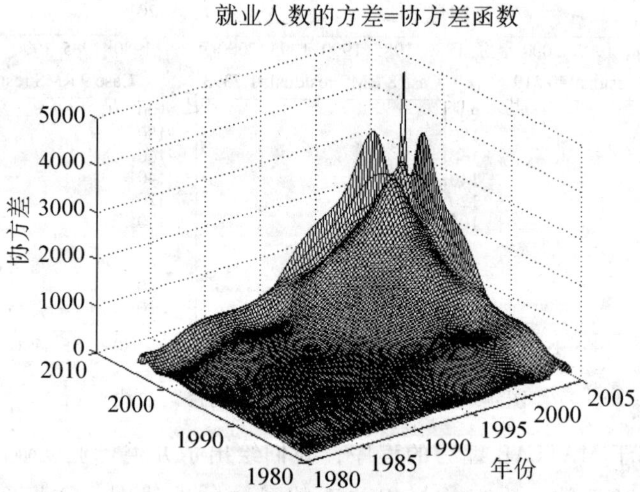

图 4－3　九类行业就业人数的协方差函数

图 4－4 为九类行业就业人数的相关系数函数图形，其类似于一座山岭，脊梁对应数值 1，脊梁附近区域是相近年度九类行业就业人数的相关系数值，接近于 1。逐渐远离脊梁附近区域后，图形呈现较快的下降趋势，反映了跨度较大的年度之间九类行业就业人数的相关程度减小得很快。以上情况说明某一年度的就业人数受较近年度的就业情况影响较大，受较远年度的就业情况影响较小，这一现象与经济变量的演变规律一致，因为许多经济时间变量往往具有“高相近依赖性”，即它与近期值的相依程度高

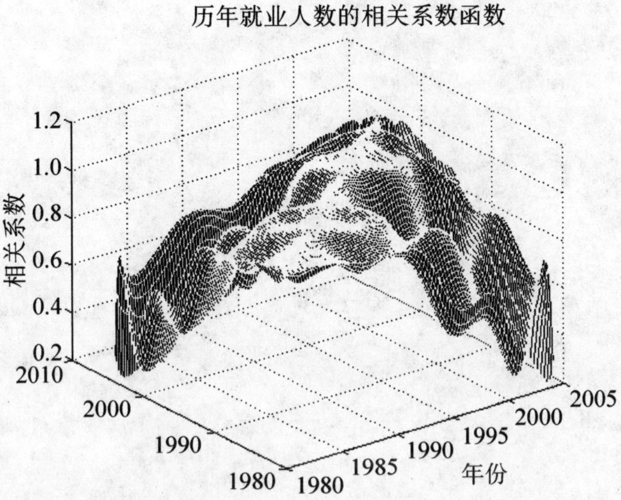

图 4－4　九类行业就业人数的相关系数函数

于与远期值的相依程度。

通过以上分析发现，函数性数据能够提供更加丰富的信息，数据时间维度的信息能够使研究者获取经济变量的动态信息，有助于把握其演变的行为规律。

第五章

函数性数据的相平面图分析法

相平面图是以拟合出的匀滑函数的一阶导函数值和二阶导函数值分别作为横坐标与纵坐标而构建出的几何图形，它反映了研究对象的一阶导数与二阶导数之间的变化关系。本章通过两个经济实例说明利用相平面图分析经济函数性数据的具体过程，同时对相平面图呈现的信息进行了解释。

5.1 相平面图

在函数性数据分析方法中，经常将研究对象的动态变化分解为水平方向上的相变化（phase variation）和垂直方向上的幅变化（amplitude variation），这种处理函数变化的方法便于研究者进一步分析研究对象的动态变化模式，具体做法是以拟合出的匀滑函数的一阶导数为横坐标，以其二阶导数为纵坐标，绘制一阶导数和二阶导数之间的变化关系图，并称其为相平面图（phase - plane plot）。在物理学中，动能（kinetic energy）与速度（一阶导数）有关，势能（potential energy）与加速度（二阶导数）有关，因此，一阶导数和二阶导数分别反映了系统中的动能和势能的变化情况，由其构建的相平面图刻画了系统中动能和势能交替变化的特征。

关于相平面图在经济数据分析中的应用，国外学者（Ramsay 和 Silverman，1997，2002，2006）在其著作中就美国非耐用品指数进行了分析，特别在其 2002 年出版的专著的第三章（第 41 - 56 页）中讲得比较详细；Wang，Jank 和 Shmueli（2008）利用相平面图对网上拍卖价格的动态性进行了分析，但是他们对拍卖的不同参数如何影响拍卖价格讨论不够深入，未能充分显示相平面图的作用。

本章通过两个经济实例一方面说明相平面图分析经济数据（变量动态变化）的过程，另一方面说明利用相平面图可以直观呈现不同因素对研究对象的影响，为进一步做经济解释提供依据。

5.2
基于相平面图的消费价格指数季节变动诊断

5.2.1　样本数据

本节分析的数据是中国 1990 年 1 月至 2009 年 12 月的消费价格指数的月度时间序列数据，数据来源于《中国统计年鉴》（1991—2010）。数据随时间的变动情况见图 5－1。样本区间之所以如此选取，是因为这二十年反映了中国自市场经济建立以来国民经济的运行情况。出于后续分析的考虑，本文对原始数据取了以 10 为底的对数，即处理的是中国消费价格指数的对数数据。

5.2.2　中国消费价格指数的季节变动特征

为研究消费价格指数的季节变动特征，本节首先对消费价格指数序列进行曲线拟合并进行修匀。这里选的基函数是 B－样条基，阶数为 5，以各年的每个月份作为节点。由于从 1990 年到 2009 年共有 240 个月，而基函数的个数等于内节点个数与阶数之和，因此基函数的个数共有 243 个。为使用粗糙惩罚法对估计出的函数进行修匀，本文选取的修匀参数值是 $\lambda=0.1$。通过运行基于 MATLAB 编写的程序，可得到中国消费价格指数对数数据的拟合曲线（见图 5－2）。另外，图 5－3 给出了曲线与数据的拟合效果，图中的“○”表示数据点，曲线表示图 5－2 中的拟合曲线。

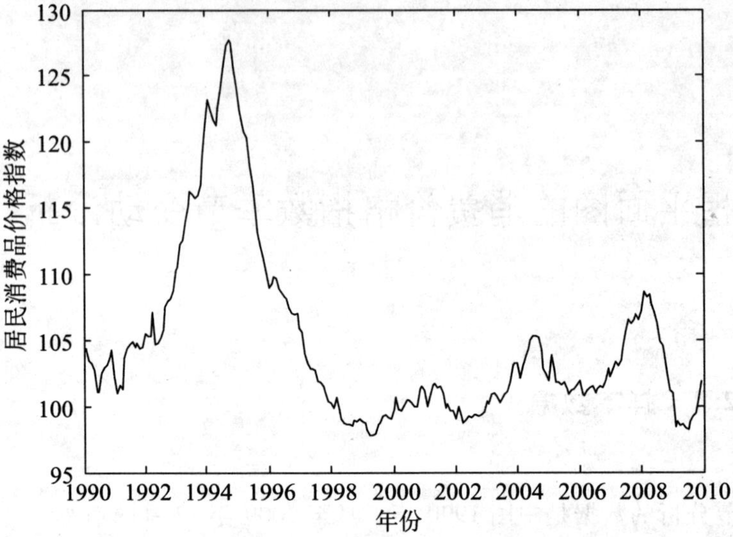

图 5－1　中国消费价格指数走势图

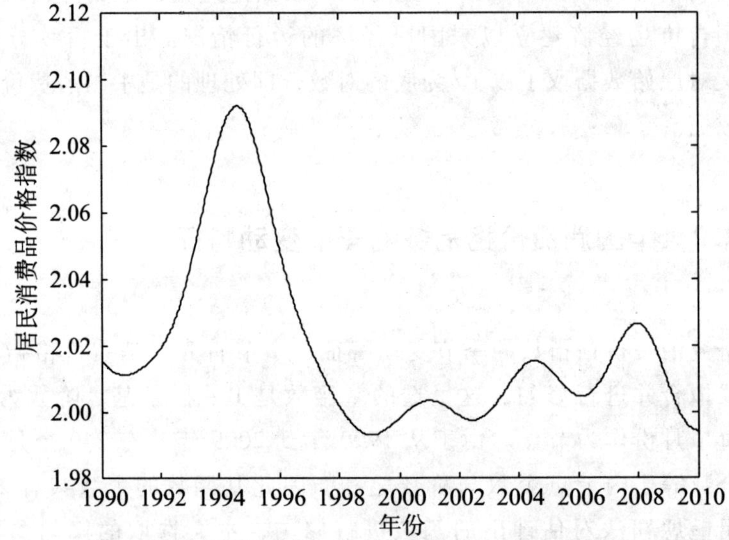

图 5－2　拟合曲线

由图 5－2 的拟合曲线可以看出，消费价格指数数据的拟合曲线很光滑，因此一阶导数和二阶导数是存在的。从拟合效果图（图 5－3）可以看出，曲线与数据点的拟合程度很高，反映了我国消费价格指数随时间的变化情况和重要的特征。

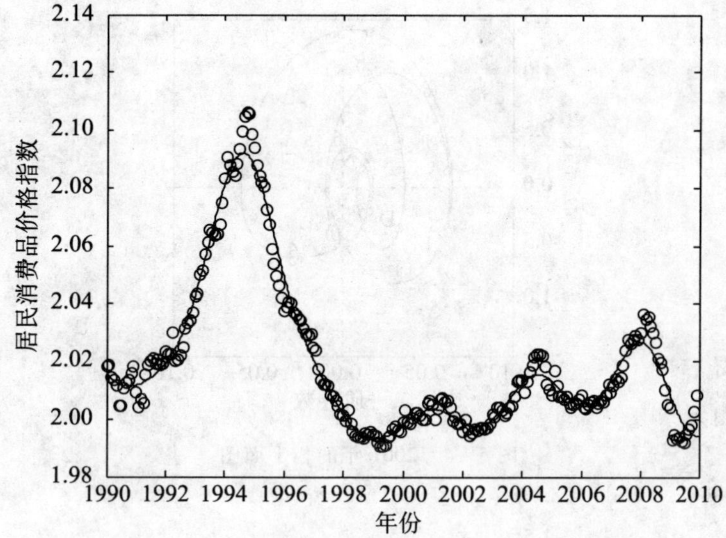

图 5－3　曲线拟合效果

在得到了消费价格指数匀滑的拟合曲线后，就可求出拟合曲线函数的一阶导数和二阶导数，继而以一阶导数为横坐标，以二阶导数为纵坐标，可绘制出每一年份对应的相平面图。消费价格指数的相平面图反映了其运行变化的速度与加速度之间的关系，同时也反映了中国消费价格指数动能和势能的交替变化规律。图 5－4 和图 5－5 分别是 2001 年和 1997 年中国消费价格指数动态变化的相平面图，图中的数字 1—9 分别表示一年中的前 9 个月，字母 O、N、D 分别表示十月、十一月和十二月。图 5－4 中两条虚线的交点为绝对零点，消费价格指数变化的速度和加速度在此点的值都为零，它表示消费价格指数运动的能量（动能和势能）为零。越靠近绝对零点，消费价格指数变化的速度和加速度就越小，也就是说曲线波动的幅度和持久性都会越弱。

观察图 5－4 发现，消费价格指数的相平面图基本由三个圈和一个半圈组成。最大的一个圈是从一月份开始，途经二月、三月至四月中旬结束。由于时间基本上处于春季，因此将其命名为春季圈。从图上可以直观的看出，这个圈的轨道范围比较大，说明中国消费价格指数在 2001 年春季变化的幅度较大。最小的圈从四月下旬开始，经五月、六月，到七月上旬结束。由于时间处于夏季，所以称其为夏季圈。从图上可以看出，夏季圈基本集中于绝对零点附近，圈的轨道范围较小，说明在 2001 年的这个时期，

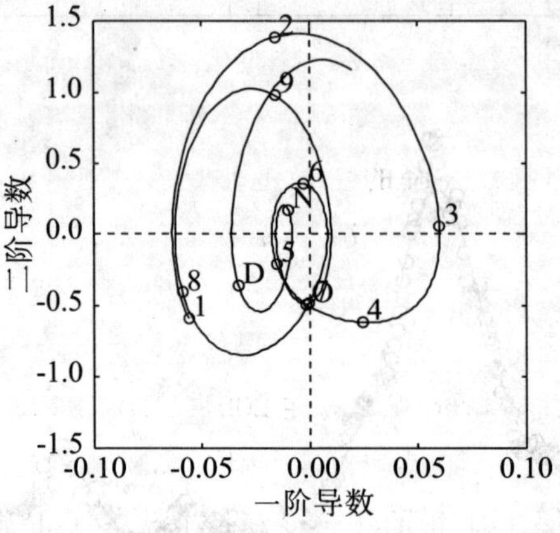

图 5-4 2001 年的相平面图

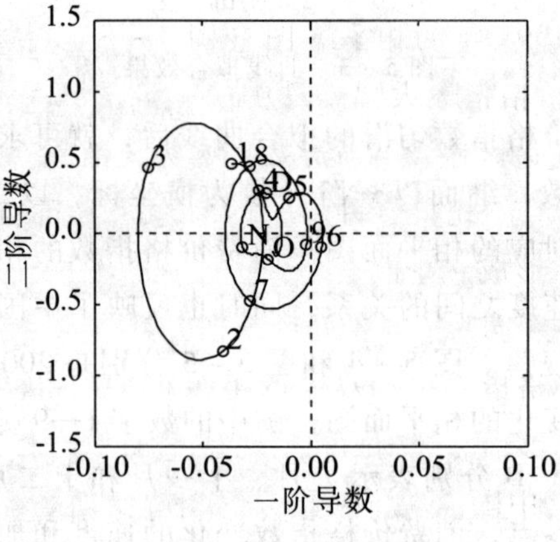

图 5-5 1997 年的相平面图

中国消费价格指数的变动幅度较小，处于一个基本平稳（略有波动）的状态。从四月中旬开始，消费价格指数由最高值开始缓慢递减，到六月份时，下降的速度变小，达到一个最小值，然后从六月份开始由最小值慢慢上升，到七月份时，上升速度减弱，达到一个最大值，这样就形成了一个小的变动周期。

介于最大和最小圈之间的圈开始于七月上旬，一直持续到十月份，形成一个基本闭合的椭圆形圈，称其为秋季圈。这个圆圈的绝大部分都处于垂直虚线的左边区域，表明在这个时间段里，中国消费价格指数总体上呈现下降趋势，但其运动却呈现出一个循环变化的过程。

在十月份之后虽然没有形成一个变化圈，但也形成了一个变化的方向。从十月份到十一月份，消费价格指数数据呈现出较小的变动，但从十二月份起，消费价格指数下降的趋势迅速趋缓，在十二月底，消费价格指数变化的速度由负变为正，即由减少转化为增加。

综合以上分析发现，消费价格指数在2001年呈现出春季、夏季、秋季和冬季的不同变化特征，相平面图直观显示了消费价格指数在一年之中的动态演进过程。由于消费价格指数在2001年期间波动的幅度不大（见图5-1），基本处于略高于100的水平，因此可以将这一年的经济状态看成正常的经济状态，即2001年的物价变动情况代表了正常经济状态下的物价变动情况。所以，在正常的经济状态下，消费价格指数在一年内的变动具有很强的季节性特征。

进一步，观察1997年的相平面图（图5-5）。从图5-1可以看出，1997年是中国消费价格指数大幅下跌中的一个年份，其对应的相平面图基本处于竖直虚线的左边区域，一阶导数基本为负值。进一步观察图5-5发现，相平面图由三个基本完整的圈和一个半圈构成：最大的一个圈从一月份开始至四月份结束，形成春季圈；第二个圈从五月份开始至八月中旬结束，形成夏季圈；最后一个圈从十月份开始至十二月结束，形成冬季圈。这种情况说明，中国消费价格指数在1997年的年份里也呈现出明显的季节变动，同时也说明相平面图能够很好地刻画和呈现经济时间序列的季节变动特征。

以上分析说明，中国消费价格指数的季节变动是客观存在的，但其在不同的年份表现的时间范围并不完全一致，变动的规模也存在差异，呈现各自不同的特点。比较2001年和1997年的相平面图可以看出，2001年中国消费价格指数在秋季的变动能量比较大，而1997年的秋季圈不存在了。另外，消费价格指数在这两个年份变动的冬季效应也不相同。

5.2.3　相平面图对历史事件信息的呈现

相平面图不但能够对消费价格指数的季节变动及其特征进行展示，而且还能够反映消费价格指数演变过程中的历史事件信息。图5-6和图5-7分别是中国消费价格指数1994年和2008年的相平面图。与一般年份的相平面图相比，1994年的相平面图比较特殊，具有非常明显的特征。事实上，从图5-1可以看出，1994年中国消费价格指数已经达到一个相当高的水平，国家在这一年频繁出台各种经济政策控制经济过热。1993年12月25日，国务院出台《关于金融体制改革的决定》，对金融业实行分业监管，使得物价水平上涨速度开始减慢，1994年2月开始下降。4月中旬，物价水平开始反弹，1994年6月8日，国务院在批转国家体改委《1994年经济体制改革实施要点》的通知中，明确提出推进价格改革的政策，使得物价上涨的速度从6-7月份开始减慢，在10月份达到最高点，随后开始下降。1994年11月，中央经济工作会议召开，提出了抑制通货膨胀的目标，使得物价水平在11月之后迅速下降。在各种经济政策的影响下，中国消费价格指数在1994年呈现上升、下降、再上升、再下降的变化过程。1994年的相平面图对这种变动特征进行了清晰地展示。2008年的相平面图大部分位于左边区域（见图5-7），说明中国消费价格指数在2008年整体呈现下降趋势，同时又呈现鲜明的季节波动，且春、夏、秋、冬时期的波动幅度逐次增大。事实上，2008年1月央行上调存款准备金率，执行从紧的货币政策，与此同时，发改委对重要商品的价格实行临时干预，使得物价水平由升转降，此后一直处于下降状态。2008年9月，继雷曼兄弟破产后，全球金融危机爆发，使得物价下降的能量增大，在相平面图上表现为冬季圈的规模膨胀。

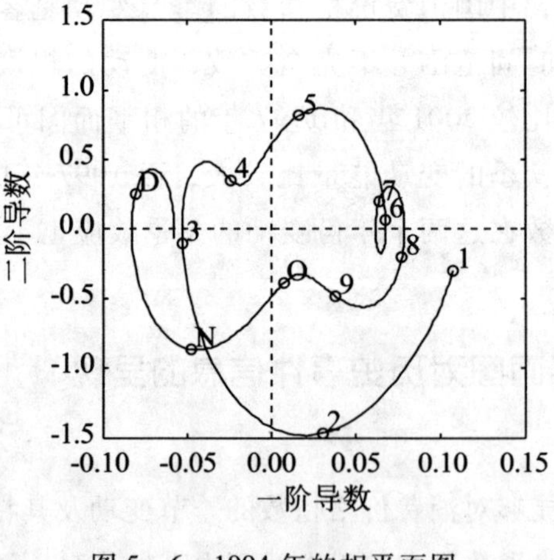

图5-6 1994年的相平面图

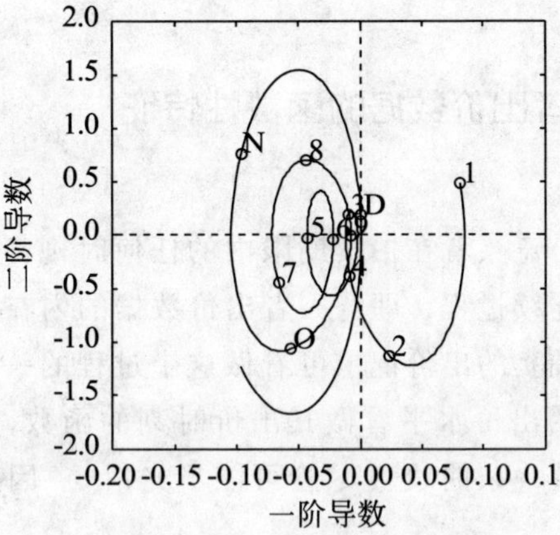

图 5－7　2008 年的相平面图

5.3 基于相平面图的竞买者出价水平动态演变模式研究

本节利用从 eBay 选取的 27 个拍卖子类的出价数据（样本的具体选取情况见 2.3.1），以动态性为研究主线，使用函数性数据的相平面图分析方法探讨竞买者出价水平的动态演变模式。基本思路是首先对离散的出价数据进行函数化处理；其次，求出价水平函数的一阶和二阶导函数，并用其刻画出价的动态性；最后，通过绘制一阶和二阶导函数的相互关系图（相平面图），分析竞买者出价水平动态演变的一般模式及随拍卖特征的变化情况，并通过对中外不同网站竞买者出价水平对应的相平面图的比较，分析不同网站竞买者出价行为的不同特征。

5.3.1 竞买者出价数据的函数性特征

在网上拍卖中，竞买者在拍卖期限内的任何时刻都有可能出价，其潜在出价过程是一个连续过程，即竞买者出价数据的内在产生过程是一个连续过程，一个特定拍卖的出价记录可看做这个过程的一次实现。如果将每一个拍卖中竞买者的出价水平看做其出价时刻的函数，即出价水平函数，则每一个拍卖对应着一条曲线（尽管可能不光滑）。因此，竞买者出价数据具有函数性特征。

图 5-8 是古董类 7 天期第 32 号拍卖和第 43 号拍卖出价金额对数函数的曲线图，图 5-9 是手机类 5 天期第 7 号拍卖和照片类第 17 号拍卖出价对数函数的曲线图，类似地可以绘出所有拍卖的出价对数函数的曲线图。这里之所以使用出价金额的对数，是为了更加清晰地展示出价水平随时间变化的特征。另外，本节在对数据修匀时使用的是 6 阶 B-样条基，依据出价时刻的密度分布特征选择的 14 个节点是 {0, 1, 2, 3, 4, 5, 6, 6.25, 6.5, 6.75, 6.8125, 6.875, 6.9375, 7}，即 50% 的节点等间隔分布于拍卖的前 6 天，在最后一天的前 18 个小时（第 6 天到第 6.75 天）每隔 6 个小时设一个节点，在最后 6 个小时的前 3 个小时设一个节点，后每隔 1.5 小时设一个节点。由图 5-8 和图 5-9 可以看出，每一个拍卖对应着一条匀滑的曲线，且具有连续的二阶导函数。

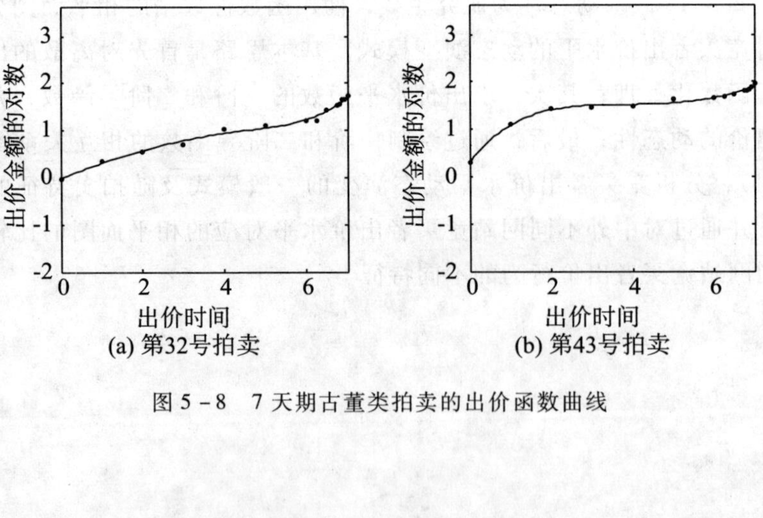

(a) 第32号拍卖　(b) 第43号拍卖

图 5-8　7 天期古董类拍卖的出价函数曲线

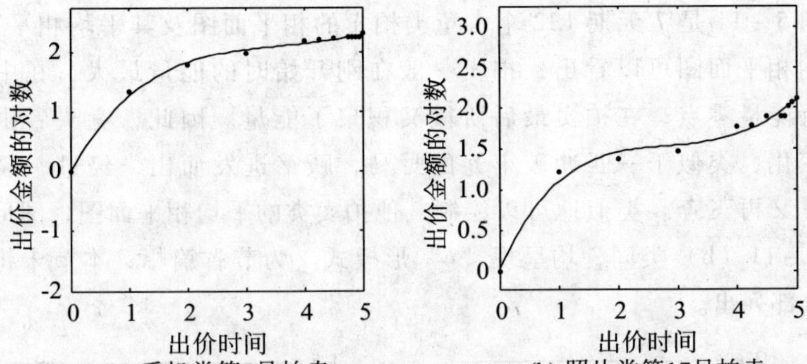

(a) 手机类第7号拍卖　　(b) 照片类第17号拍卖

图 5-9　手机类和照片类 5 天期拍卖的出价函数曲线

5.3.2　竞买者出价水平动态演变的一般模式

5.3.1 中对出价数据的修匀处理，为利用出价水平函数的一阶导数和二阶导数描述出价水平的动态性奠定了基础。利用基于 MATLAB 编写的程序，可求出一个拍卖出价水平的一阶导数和二阶导数，并绘制一阶导数和二阶导数相互关系的相平面图。图 5-10 是古董类 7 天期 132 个拍卖出价金额对数函数的一阶导数和二阶导数的曲线图，从图上可以看出，不管是一阶导数还是二阶导数，绝大多数拍卖在拍卖的中期阶段都水平运行，一阶导数和二阶导数的绝对值在此阶段较之拍卖的早期阶段和后期阶段要小，这说明无论是动能还是势能在此阶段都较小。所以，拍卖中期阶段的能量较为匮乏，出价水平变动较小。

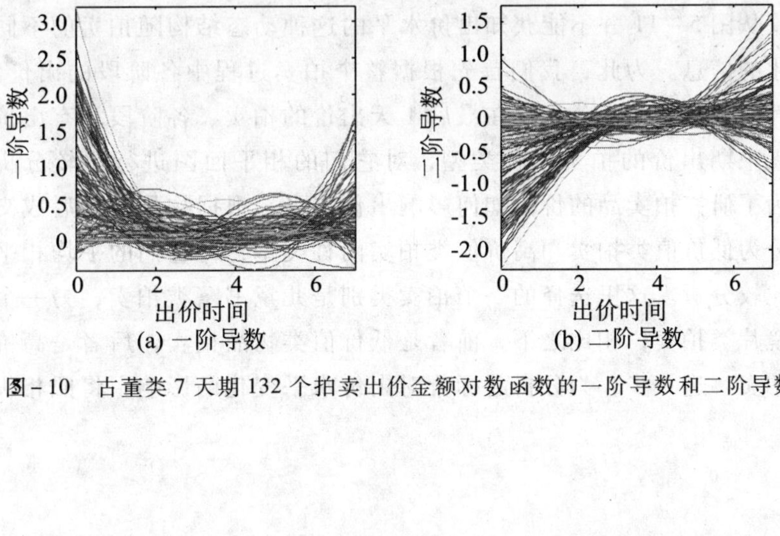

(a) 一阶导数　　(b) 二阶导数

图 5-10　古董类 7 天期 132 个拍卖出价金额对数函数的一阶导数和二阶导数

图 5 - 11 是 7 天期 132 个古董类拍卖的相平面图及其平均相平面图。从平均相平面图可以看出，拍卖一般在刚开始时的能量最大，在中间阶段接近能量零点，在拍卖最后阶段又积聚了能量。因此，竞买者出价水平的变化，类似于一匹冲破牢笼的野马，跃蹄迸发而出，经过一段缓冲之后，又再飞奔。类似地可以绘制其他拍卖类的平均相平面图，图形结构与图 5 - 11（b）类同，均呈现“c”形模式。为节省篇幅，本节未将相关图形全部列出。

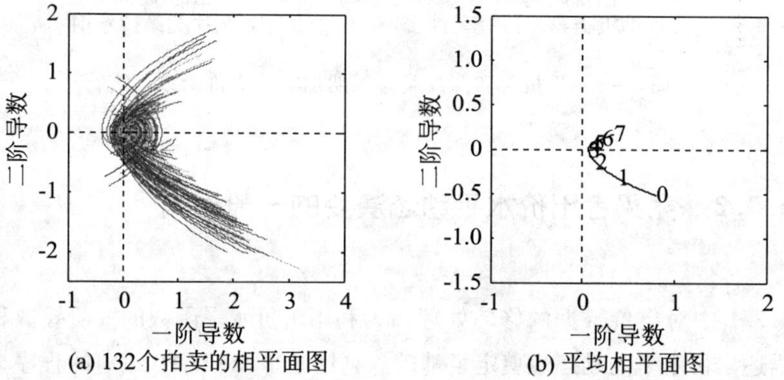

图 5 - 11　7 天期 132 个古董类拍卖的相平面图及其平均相平面图

5.3.3　不同特征拍卖中竞买者出价水平相平面图的比较

从整体来看，一个拍卖类别的平均相平面图一般呈现“c”形特征，但是仅从图 5 - 11 并不能获知出价水平的这种动态结构随拍卖的不同特征而变化的信息。为此，我们首先根据整个拍卖过程中各阶段的出价情况，将 7 天期古董类拍卖分为仅在最后 1 天出价的拍卖、各阶段均有出价的拍卖和无中期出价的拍卖三种类型，对它们的相平面图进行比较分析。其次，为了研究拍卖品的价值如何影响出价水平，根据物品的最后成交价将拍卖分为低价值类拍卖和高价值类拍卖两种类型，对它们的平均相平面图进行比较分析。这里选择的一个拍卖类别是儿童书籍类拍卖，另一个是照相机镜片类拍卖，相比之下，前者是低价值类物品拍卖，后者是高价值类物品拍卖。进一步，为分析起标价对出价水平变化的影响，将照相机镜片类拍卖分为低起标价拍卖类和高起标价拍卖类。最后，为研究不同拍卖期限下出价水平的动态演变特征，我们就不同期限拍卖类的平均相平面图进行了分析。

图 5－12 是 7 天期古董类拍卖中，仅在最后 1 天出价的拍卖类和各阶段均有出价的拍卖类的平均相平面图。图 5－13 是 7 天期古董类拍卖中第 92 号拍卖和第 98 号拍卖的相平面图，它们的共同特征是在拍卖中期没有出价。观察图 5－12 和图 5－13 发现，虽然图形的形状结构与图 5－11（b）在某种程度上有相似之处，但也各有千秋。比较图 5－12（a）与图 5－12（b）发现，前者在拍卖后期的能量（动能和势能）较大，但在拍卖的早期阶段的能量较小；后者在拍卖后期的能量较小，但在拍卖早期阶段的能量却较大。两者共有的一个特征是在拍卖的中期阶段，特别是第二天到第五天期间的能量最小。

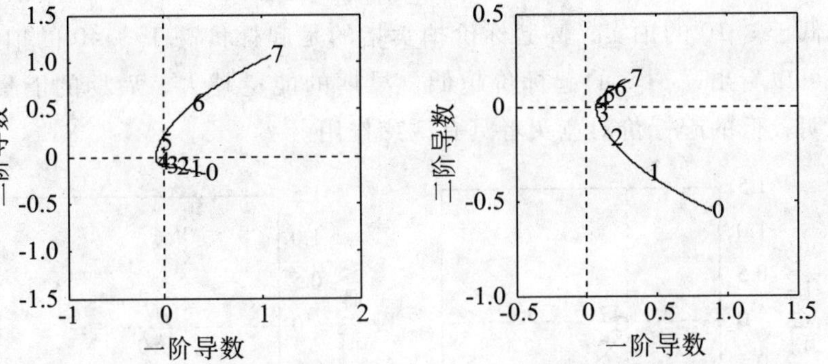

(a) 仅最后1天出价的拍卖　(b) 各阶段均有出价的拍卖

图 5－12　古董类 7 天期仅最后 1 天出价拍卖和各阶段均有出价拍卖的平均相平面图

对于拍卖中期没有出价的拍卖，图 5－13 显示了出价水平不同的动态特征，共同的特征与一般模式一样，在拍卖中期一阶导数和二阶导数接近于零，能量缺乏，说明竞买者一般很少在拍卖的中期阶段选择出价时机。另外，7 天期古董类第 92 号拍卖在拍卖后期能量充足，但第 98 号拍卖的能量相对缺乏。事实上，在拍卖的最后 12 个小时（6.5 天以后）内第 92 号拍卖有 13 次出价，而第 98 号拍卖仅有 2 次出价。

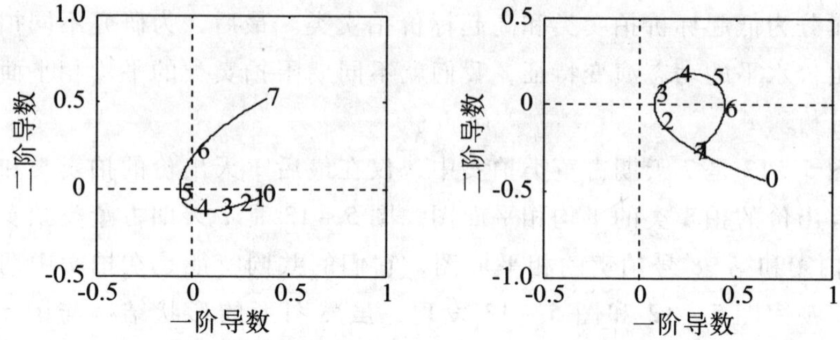

(a) 第92号拍卖　　(b) 第98号拍卖

图 5－13　7 天期古董类无中期出价拍卖的出价水平的平均相平面图

图 5－14 是高价值类物品（照相机镜片）拍卖与低价值类物品（儿童书籍）拍卖的平均相平面图。从图上可以看出，高价值类拍卖品较之低价值类拍卖品整体上具有较大的能量。图 5－15 是 7 天期照相机镜片类低起标价拍卖和高起标价拍卖的平均相平面图。这里的低起标价拍卖指的是起标价低于＄10 的拍卖，高起标价拍卖指的是起标价高于＄40 的拍卖。从图上可以看出，拍卖的起标价越低，早期的能量越大，后期的能量越小，这说明较低的起标价对竞买者具有诱惑作用。

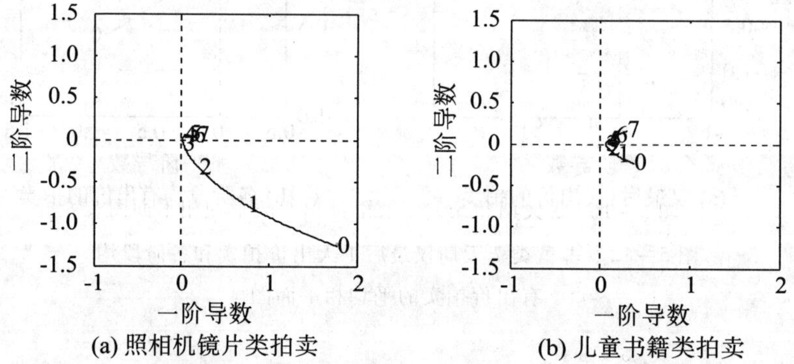

(a) 照相机镜片类拍卖　　(b) 儿童书籍类拍卖

图 5－14　7 天期照相机镜片类拍卖和儿童书籍类拍卖的平均相平面图

为了分析拍卖期限对竞买者出价水平动态性的影响，本节就不同拍卖期限、不同类拍卖的平均相平面图进行了对比分析，出于篇幅的考虑，这里仅给出了 3 天、5 天、7 天和 10 天期纸币类拍卖的平均相平面图，见图 5－16 和图 5－17（图中的“＊”表示 10）。从图 5－16 和图 5－17 可以看出，四个期限的拍卖在拍卖的早期阶段均有较大的一阶导数和二阶导数值，即具有较高

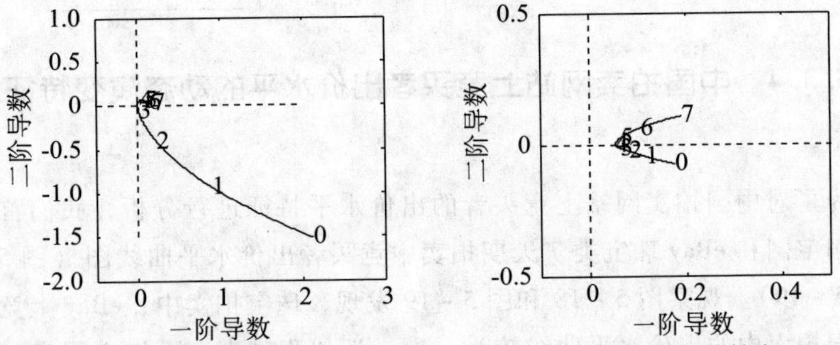

(a) 低起标价拍卖　　(b) 高起标价拍卖

图 5-15　7 天期照相机镜片类低起标价拍卖和高起标价拍卖的平均相平面图

的能量。但是，四个期限拍卖的平均相平面图在拍卖的后期阶段却表现出较大的差异，即拍卖期限越长，能量越缺乏，后期出价的动力越不足。

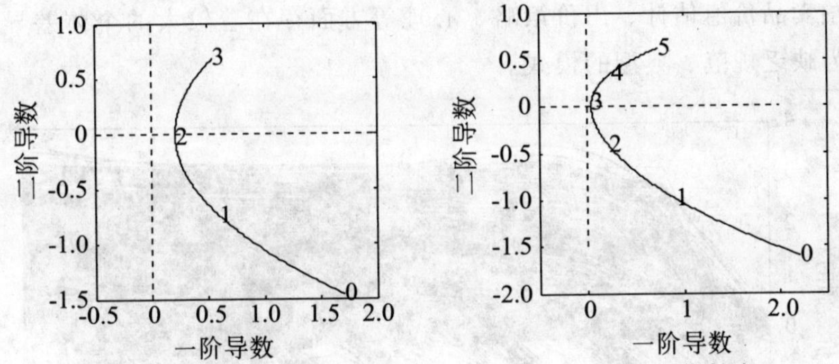

(a) 3天期拍卖　　(b) 5天期拍卖

图 5-16　3 天期和 5 天期纸币类拍卖的平均相平面图

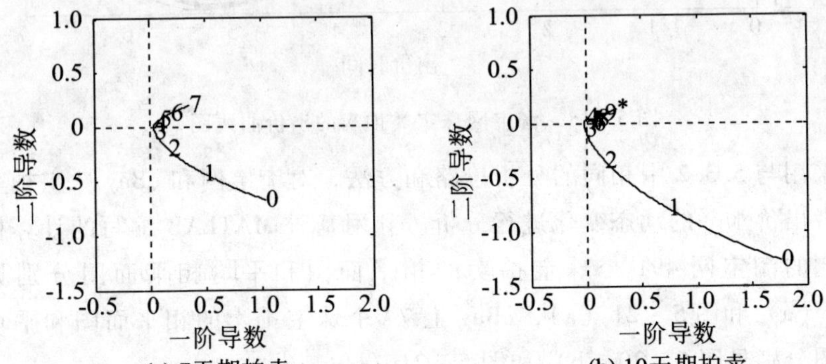

(a) 7天期拍卖　　(b) 10天期拍卖

图 5-17　7 天期和 10 天期纸币类拍卖的平均相平面图

5.3.4 中国拍卖网站上竞买者出价水平的动态演变特征

为了对中国拍卖网站上竞买者的出价水平特征进行分析，我们首先绘制了淘宝网和 eBay 珠宝类 7 天期拍卖中竞买者出价水平曲线图（图 5－18 和图 5－19）。观察图 5－18 和图 5－19 发现，珠宝拍卖中，eBay 上竞买者在不同拍卖中的出价水平曲线较为一致，近似程度高，而淘宝网竞买者在不同拍卖中的出价水平曲线仅有小部分与 eBay 上的相似（参考图 5－18 最上部分），大多数出价水平曲线不同于 eBay 上竞买者的出价水平曲线，且它们之间也存在着非常显著的差异（参考图 5－18 中上部分和最下层部分）。中国拍卖网站上竞买者的出价水平表现出来的这一特征说明，竞买者在拍卖品价值估计、出价策略、心理等方面存在着较大的个体差异，出价行为缺乏规范、典型的模式。

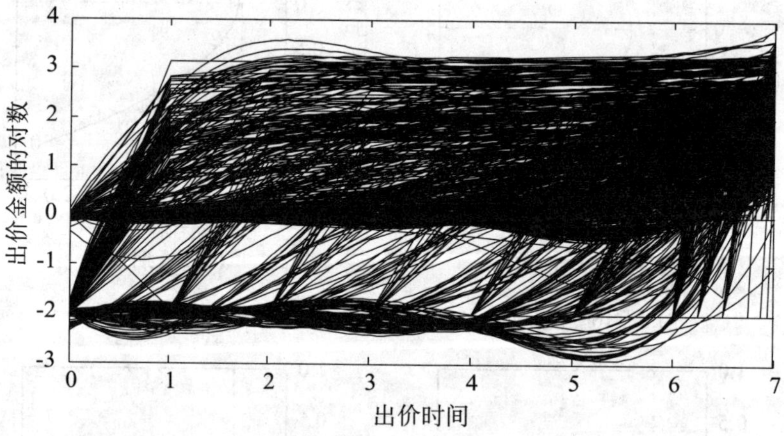

图 5－18 淘宝网珠宝类拍卖的出价曲线图

采用与 5.3.2 中相同的分析思路和方法，对淘宝网和 eBay 珠宝拍卖中竞买者出价水平的动态变化进行分析。利用基于 MATLAB 编写的计算机程序绘制的淘宝网 491 个珠宝拍卖的相平面图和平均相平面图分别见图 5－20（a）和图 5－21（a），eBay 上 74 个珠宝拍卖的相平面图和平均相平面图分别见图 5－20（b）和图 5－21（b）。

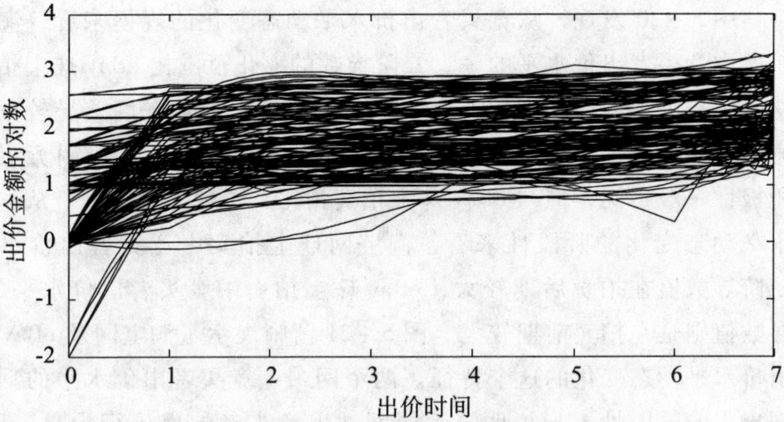

图 5－19　eBay 珠宝类拍卖的出价曲线图

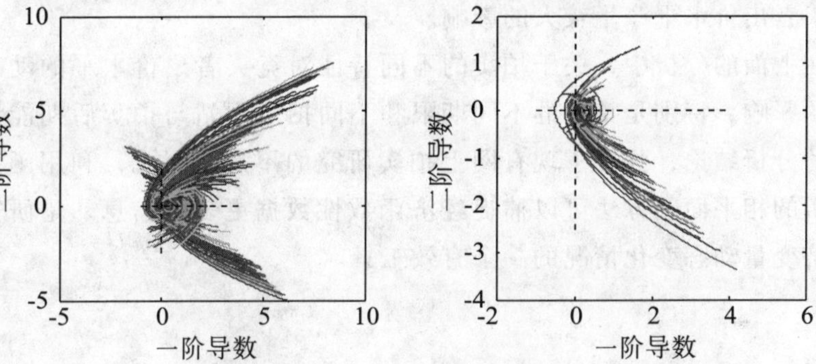

(a) 淘宝网　(b) eBay

图 5－20　珠宝类拍卖中所有拍卖的相平面图

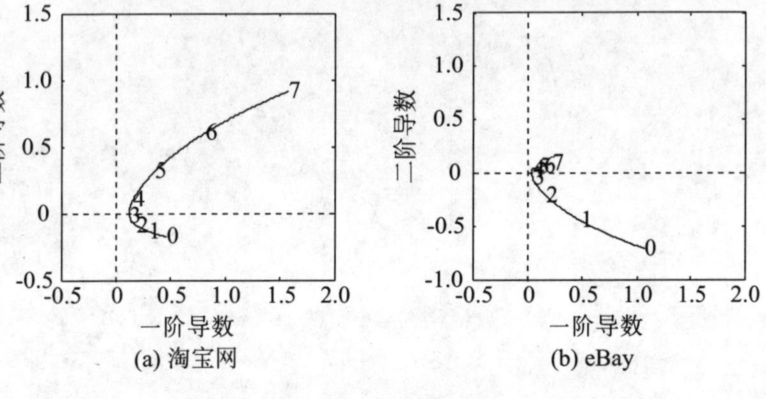

(a) 淘宝网　(b) eBay

图 5－21　珠宝类拍卖的平均相平面图

观察图 5-20 发现，从竞买者出价水平动态变化的规模来看，淘宝网珠宝拍卖中竞买者出价水平的一、二阶导数的变化范围比 eBay 珠宝拍卖中大，这一定程度说明淘宝网 491 个珠宝拍卖的动态变化程度差异较大，反映了竞买者对不同拍卖的参与程度是不同的。尽管不同拍卖吸引竞买者参与的积极性一般不同，但与 eBay 珠宝拍卖相比，这种差异较大。从竞买者出价水平动态变化的阶段性来看，淘宝网珠宝拍卖中竞买者出价水平的一、二阶导数值在拍卖后期较大，eBay 珠宝拍卖中竞买者出价水平的一、二阶导数值则是在拍卖前期较大。图 5-21 清晰展示了淘宝网及 eBay 上竞买者出价水平动态变化的这个特征。两个网站上竞买者出价水平的动态变化呈现出来的阶段性差异说明，不同网站上竞买者的出价行为是不同的，驱动竞买者出价发生动态变化的潜在因素，易于在拍卖后期对中国拍卖网站竞买者出价水平产生较大的影响。

在上面的分析中，关于拍卖的不同特征对竞买者出价水平的动态演变模式的影响，特别是拍卖的不同期限和不同拍卖网站与拍卖后期能量大小关系的分析结论，弥补了现有网上拍卖研究的不足。因此，利用函数性数据分析的相平面图方法可以捕捉经济函数性数据更多的信息，是研究者探讨经济变量动态变化情况的一个有效工具。

第六章

函数性主成分分析（FPCA）

在经济函数性数据分析中，研究者经常需要从数据中寻找感兴趣变量随时间变化的主要变异方式，同时又想知道多少个这样的变化方式或形态可以很好地拟合原始曲线样本，即研究者希望通过确定曲线样本（数据）的典型函数特征探讨数据变异的主要成分。主成分分析能够很好地解决这些问题，因此，它是函数性数据早期研究文献中最先受到关注的分析方法。

关于函数性数据主成分分析方法的研究，国内外学者做了大量的工作，Ramsay 和 Silverman（2006）对这方面的研究进行了系统地总结。国内学者靳刘蕊（2010）就函数性主成分分析的思想、方法及应用进行了讨论；郑冰（2012）基于函数性主成分方法对北京市居民收入水平进行了研究；李纪华和张倩肖（2012）利用函数性主成分方法对中国上市公司并购重组差异性进行了分析。但是，Ramsay 和 Silverman（2006）将实际案例分析穿插于方法的介绍中，虽使初学者易于理解，但因对方法的论述散见于多处，故不易使应用者从整体上把握和理解方法的主线条。另外，就作者目前掌握的资料来看，国外文献关于多元函数性主成分方法的模型、权函数的计算等问题仅给出了解决的思路，未给出较具体的过程，国内现有文献也未见讨论。因此，本章首先就函数性主成分的数学模型、权函数的求解方法进行阐述，其次就多元函数性主成分的模型与方法进行讨论，重点对多元函数性主成分权函数的具体计算过程进行了推导，最后利用多元函数性主成分方法分析房屋销售价格指数与居民消费价格指数的联合变异。

6.1
函数性主成分的数学模型

在经典多元统计分析中，主成分分析是通过对数据的样本方差 - 协差阵特征值的分解，寻找数据的最大变化方向，这个方向由主成分的系数构成的向量来描述，称其为主成分的权向量。在函数性数据分析中，与多元统计中主成分的权向量相对应的是主成分权函数（principal component weight function），记为 $\xi(s)$，其中 s 在一个区间 T 中变化，且 $\xi(s)$ 平方可积。第 i 个样品（个体）$x_i(s)$（经过中心化处理）（$i=1,2,\cdots,N$）的主成分得分值定义为

$$z_i = \int_T \xi(t) x_i(t)\,dt \ , \ i=1,2,\cdots,N \tag{6.1}$$

类似多元统计分析中主成分的研究思路，第一函数主成分就是在

$$\int_T \xi(t)^2 dt = 1 \tag{6.2}$$

的约束条件下，寻求使诸主成分得分 z_i（$i=1,2,\cdots,N$）的差异达到最大的权函数 $\xi_1(s)$，即其满足

$$\begin{cases} \max N^{-1} \sum_{i=1}^{N} z_{i1}^2 \\ \int_T \xi_1(t)^2 dt = 1 \end{cases} \tag{6.3}$$

其中，$z_{i1} = \int_T \xi_1(t) x_i(t)\,dt$ 为第 i 个样品的第一主成分得分，$i=1,2,\cdots,N$。

类似地，可以求得第 j 个函数主成分，其权函数 $\xi_j(s)$ 满足如下数学模型的条件：

$$\begin{cases} \max N^{-1} \sum_{i=1}^{N} z_{ij}^2 \\ \int_T \xi_j(t)^2 dt = 1 \\ \int_T \xi_j(t)\xi_1(t)\,dt = \cdots = \int_T \xi_j(t)\xi_{j-1}(t)\,dt = 0 \end{cases} \tag{6.4}$$

其中，$z_{ij}=\int_T \xi_j(t)x_i(t)dt$ 为第 i 个样品的第 j 主成分得分，$i=1,2,\cdots,N$。

由上述模型的构建过程可知，求得的诸多权函数 $\xi_j(s)$ 满足正交约束条件，即

$$\int_T \xi_j(t)\xi_1(t)dt = \cdots = \int_T \xi_j(t)\xi_{j-1}(t)dt = 0$$

它们刻画了曲线样本间重要的变异（化）方式，不过其各自描述的变异（化）方式的重要程度依次减小。

另外，假设我们选择了 K 个权函数 $\xi_k(s)$，$k=1,2,\cdots,K$，将这 K 个正交的权函数 $\xi_k(s)$ 作为基函数，定义

$$\hat{x}_i(s) = \sum_{k=1}^{K} f_{ik}\xi_k(s) \tag{6.5}$$

其中 $f_{ik}=\int_T x_i(t)\xi_k(t)dt$ 。

对单一的一条曲线 $x_i(t)$，如果我们以误差平方的积分度量拟合效果，则所有曲线的拟合误差

$$SSE = \sum_{i=1}^{N} \| x_i - \hat{x}_i \|^2 = \sum_{i=1}^{N} \int_T [x_i(t) - \hat{x}_i(t)]^2 dt \tag{6.6}$$

在基函数选择的意义下达到最小，即若以（6.6）式达到最小作为判断准则，K 个正交的权函数 $\xi_k(s)$ 与其他基函数相比为最佳。因此，在一些领域中，称这些函数 $\xi_k(s)$ 为经验标准正交函数（empirical orthonormal functions）。

6.2 函数性主成分的求解方法

6.2.1 函数性主成分的特征方程

本部分假定，我们分析的多元观察数据 $\{x_{ij}, i=1,2,\cdots,N; j=1,2,\cdots,$

p｝和函数性观察 $x_i(t)$（$i=1,2,\cdots,N$，$t\in T$）均经过中心化处理，即它们分别均减去了相应的样本均值或均值函数。

在多元统计分析中，主成分的求解最终转化为寻找协方差阵或相关系数阵的特征值和特征向量的过程。设由数据 x_{ij} 构成的 $N\times p$ 阶矩阵为 X，p 维权重（列）向量记为 ξ，则由主成分得分 z_i（$i=1,2,\cdots,N$）构成的得分向量 $Z=(z_1,z_2,\cdots,z_N)'$ 为 $X\xi$。于是，第一主成分的权向量满足的条件可写为

$$\max_{\xi'\xi=1} N^{-1}\xi' X' X\xi \tag{6.7}$$

若令 $p\times p$ 阶矩阵 $V=N^{-1}X'X$，即 V 表示样本方差－协差阵，则式（6.7）可表示为

$$\max_{\xi'\xi=1}\xi' V\xi。$$

由矩阵代数知识可知，这个最大化问题可以通过求下面特征方程

$$V\xi=\rho\xi \tag{6.8}$$

的最大特征值 ρ 及相应的特征向量来解决。因此，多元主成分分析问题等价于解决特征方程（6.8）的代数问题。

在函数性数据分析中，设 $x_i(s)$ 和 $x_i(t)$ 的协方差函数为 $v(s,t)$，$s,t\in T$，即

$$v(s,t)=N^{-1}\sum_{i=1}^{N}x_i(s)x_i(t) \tag{6.9}$$

于是确定函数性主成分权函数 $\xi_j(s)$ 转化为解如下的特征方程：

$$\int_T v(s,t)\xi(t)dt=\rho\xi(s) \tag{6.10}$$

如果我们定义一个算子

$$V\xi=\int_T v(\cdot,t)\xi(t)dt \tag{6.11}$$

即 V 是权函数 ξ 的一个积分变换，并称其为协方差算子。因此式（6.10）的特征方程可被表述为

$$V\xi=\rho\xi \tag{6.12}$$

注意这里的 ξ 是特征函数，不是特征向量。

6.2.2　权函数的获取方法

由上面分析可以看出，函数性主成分分析实际是寻找一组相互正交且

标准化了的权函数 $\xi_j(t)$，$t\in T$，它以协方差函数 v 作为积分变换的核心，将函数性主成分的求解问题转化为对协方差算子 V 的特征进行分析。本节基于特征方程 $V\xi=\rho\xi$ 讨论特征函数的实际求解问题。

在下面的讨论中，假定有 N 条曲线样本 $x_i(t)$，$t\in T$，且已经过中心化处理，协方差函数 $v(s,t)$（$s,t\in T$）的定义如上。

（1）离散化法

设观测 $x_i(t)$ 的时点 $t_1,t_2,\cdots,t_n$ 均等地分布于区间 T，即在区间 T 的 n 等分点上取值，这样我们可得到多元数据集 X：

$$X=\begin{pmatrix} x_1(t_1) & x_1(t_2) & \cdots & x_1(t_n) \\ x_2(t_1) & x_2(t_2) & \cdots & x_2(t_n) \\ \vdots & \vdots & \cdots & \vdots \\ x_N(t_1) & x_N(t_2) & \cdots & x_N(t_n) \end{pmatrix}$$

对此数据可利用多元统计中主成分分析软件进行分析，据此可求出满足下式的特征值和特征向量：

$$Vu=\lambda u \tag{6.13}$$

其中 u 为 n 维向量。

样本方差－协差矩阵 $V=N^{-1}X'X$ 的元素为 $v(t_j,t_k)$。对于给定的函数 ξ，令 $\tilde{\xi}$ 是由 $\xi(t_j)$ 构成的 n 维列向量，l 是区间 T 的长度，$w=l/n$。于是，对于任意的 t_j 有

$$V\xi(t_j)=\int_T v(t_j,s)\xi(s)\,ds\approx w\sum_{k=1}^{n}v(t_j,t_k)\tilde{\xi}$$

因此，函数性特征方程 $V\xi=\rho\xi$ 有近似的离散形式

$$wV\tilde{\xi}=\rho\tilde{\xi}$$

这个方程的解将对应于（6.13）式的解，特征值之间的关系为 $\rho=w\lambda$。标准化约束 $\int_T\xi(t)^2dt=1$ 的近似离散形式是 $w\|\tilde{\xi}\|^2=1$，因此如果向量 u 是矩阵 V 的标准化特征向量，则 $\tilde{\xi}=w^{-1/2}u$。在得到 $\tilde{\xi}$ 后，使用任何简便的插值法便可从离散值 $\tilde{\xi}$ 获得近似特征函数 ξ。如果观测时点 $t_1,t_2,\cdots,t_n$ 的选取很稠密，那么利用不同插值法得到的结果差异不大。

(2) 基函数展开法

另一个将特征方程（6.10）简化为离散的或矩阵形式的方法是利用已知的基函数 $\phi_k(t)$（$k=1,2,\cdots,K$，$t\in T$）的线性组合表示每个函数 $x_i(t)$（$t\in T$），基函数的个数 K 受多种因素的影响，如原始数据收集时选择的观测时点数 n，是否在修匀时施加了 $K<n$ 的限制，以及由基函数再生原始函数的效果等。

设函数 $x_i(t)$ 的基函数展开式为

$$x_i(t) = \sum_{k=1}^{K} c_{ik}\phi_k(t) \tag{6.14}$$

若向量函数 $X=(x_1,x_2\cdots,x_N)'$，向量函数 $\phi=(\phi_1,\phi_2\cdots,\phi_k)'$，则所有 N 条曲线的基函数展开式为

$$\mathrm{X}=C\phi$$

其中，系数矩阵

$$C=\begin{pmatrix} c_{11} & c_{12} & \cdots & c_{1K} \\ c_{21} & c_{22} & \cdots & c_{2K} \\ \vdots & \vdots & \cdots & \vdots \\ c_{N1} & c_{N2} & \cdots & c_{NK} \end{pmatrix}$$

方差 - 协方差函数的矩阵形式为

$$v(s,t)=N^{-1}\phi(s)'C'C\phi(t) \tag{6.15}$$

注意 $\phi(s)'$是向量 $\phi(s)$的转置，不是导函数。

若 $w_{k_1,k_2}=\int_T \phi_{k_1}(t)\phi_{k_2}(t)\,dt$，矩阵 W 以 w_{k_1,k_2}为其元素，则 W 为 K 阶对称阵，且可更简洁地写为 $W=\int_T \phi(t)\phi'(t)\,dt$。

现假定特征方程（6.10）中特征函数 ξ 的基函数展开式为

$$\xi(t) = \sum_{k=1}^{K} b_k\phi_k(t)$$

且 $b=(b_1,b_2\cdots,b_K)'$，则上式的矩阵形式为 $\xi(t)=\phi(t)'b$。于是，

$$\int_T v(s,t)\xi(t)\,dt = \int_T N^{-1}\phi(s)'C'C\phi(t)\phi(t)'b\,dt = \phi(s)'N^{-1}C'CWb$$

从而特征方程（6.10）变为

$$\phi(s)'N^{-1}C'CWb=\rho\phi(s)'b$$

由于此方程对所有 s 都成立，故

$$N^{-1}C'CWb=\rho b \tag{6.16}$$

这里须注意：权函数 $\xi(s)$ 满足 $\int_T \xi(s)^2 ds = 1$ 及不同的两个权函数 $\xi_k(s)$ 和 $\xi_l(s)$ 正交意味着 $b'_{(k)}Wb_{(k)}=1$ 和 $b'_{(k)}Wb_{(l)}=0$（$k=1,2,\cdots K,l<k$）。其中 $b_{(k)}$ 和 $b_{(l)}$ 分别为权函数 $\xi_k(s)$ 和 $\xi_l(s)$ 基函数展开式的系数向量。

为了得到需要的主成分，令 $u=W^{1/2}b$，求解如下等价的对称特征值问题：

$$N^{-1}W^{1/2}C'CW^{1/2}u=\rho u \tag{6.17}$$

利用 $b=W^{-1/2}u$ 便可得到与每一个特征向量对应的 $b=(b_1,b_2\cdots,b_K)'$，继而求得权函数 $\xi(s)$。

6.2.3 函数性主成分权函数的修匀处理

为了得到光滑的主成分权函数，一种方法是对由上述方法求出的主成分权函数进行修匀，另一种方法是将修匀处理过程融入主成分权函数的求解过程中。具体做法是将描述权函数曲线波动程度的粗糙因子纳入约束条件中，形成带惩罚的约束条件。利用粗糙惩罚法求第 j 个主成分的数学模型是：

$$\begin{cases} \max N^{-1}\sum_{i=1}^{N} z_{ij}^2 \\ \int_T \xi_j(t)^2 dt + \lambda\int_T \{\xi_j''(t)\}^2 dt = 1 \\ \int_T \xi_j(t)\xi_1(t)dt + \lambda\int_T \xi_j''(t)\xi''_1(t)dt = \cdots = \\ \quad \int_T \xi_j(t)\xi_{j-1}(t)dt + \lambda\int_T \xi_j''(t)\xi''_{j-1}(t)dt = 0 \end{cases} \tag{6.18}$$

其中 λ（≥0）为修匀参数，用它可对粗糙惩罚项进行调整。关于确定 λ 的交叉验证方法及其他更多讨论见 Ramsay 和 Silverman（2006）第九章（第 173 – 185 页）。

6.3
多元函数性主成分分析

6.3.1　多元函数性主成分

在经济分析中，经济变量之间往往具有相互依赖性，从而一个变量的变动会引发其他相关变量发生变化，因此，有必要对多个函数性变量之间的交互作用如何影响它们的变异方式进行研究。

（1）二元函数变量的主成分

设有两个相互联系的函数性变量（随机函数）$x(s)$和$y(s)$，$s \in T$，它们的交叉协方差函数记为$v_{xy}(t,s)=v_{xy}(s,t)$（$t,s \in T$），$x(s)$和$y(s)$各自的方差函数记为v_{xx}和v_{yy}，二维向量函数$m_i(s)=(x_i(s),y_i(s))'$。进一步假设$x(s)$和$y(s)$的N次观察分别为$x_i(s)$和$y_i(s)$，$i=1,2,\cdots,N$，$s \in T$。

定义$x(s)$和$y(s)$的（联合）主成分权函数为向量函数

$$\xi=(\xi^{(x)}(s),\xi^{(y)}(s))' \tag{6.19}$$

其中$\xi^{(x)}(s)$和$\xi^{(y)}(s)$分别表示$x(s)$与$y(s)$各自的主成分权函数，本文称其为边缘权重函数。

定义两个函数性变量的（联合）主成分z_i为

$$z_i=\int_T \xi^{(x)}(s)x_i(s)ds+\int_T \xi^{(y)}y_i(s)ds=\int_T \xi(s)'m_i(s)ds \tag{6.20}$$

与一元随机函数的主成分分析过程类似，二元函数性主成分分析也可以转化为特征方程系统$V\xi=\rho\xi$的求解问题，具体表示为

$$\int_T v_{xx}(s,t)\xi^{(x)}(t)dt+\int_T v_{xy}(s,t)\xi^{(y)}(t)dt=\rho\xi^{(x)}(s) \tag{6.21}$$

$$\int_T v_{yx}(s,t)\xi^{(x)}(t)dt + \int_T v_{yy}(s,t)\xi^{(y)}(t)dt = \rho\xi^{(y)}(s) \tag{6.22}$$

另外，若 $\xi_k^{(x)}$ 和 $\xi_k^{(y)}$ 分别为 $x(s)$ 与 $y(s)$ 各自的第 k 个函数主成分权函数，$\xi_k(s)=(\xi_k^{(x)},\xi_k^{(y)})'$，则在进行分析时，$x(s)$ 和 $y(s)$ 的诸（联合）主成分权函数（向量函数）须满足以下约束条件：

$$\langle\xi_k,\xi_k\rangle = \int_T (\xi_k^{(x)})^2(t)dt + \int_T (\xi_k^{(y)})^2(t)dt = 1$$

$$\langle\xi_k,\xi_l\rangle = \int_T \xi_k^{(x)}(t)\xi_l^{(x)}(t)dt + \int_T \xi_k^{(y)}(t)\xi_l^{(y)}(t)dt = 0\ ,\ l,k=1,2,\cdots K$$

且 $l<k$

（2）多元函数变量的主成分

本部分基于二元函数变量主成分的分析思路，将其推广至多于两个函数性变量的情形。

设有 p 个函数性变量（随机函数）$h^{(1)}(s)$，$h^{(2)}(s)$，…，$h^{(p)}(s)$，$s\in T$，$h(s)$ 为由其构成的向量函数，即

$$h(s)=(h^{(1)}(s),h^{(2)}(s),\cdots h^{(p)}(s))',\ s\in T \tag{6.23}$$

对每一个随机函数观测 N 次，其样本观察记为 $h_i(s)=(h_i^{(1)}(s),h_i^{(2)}(s),\cdots h_i^{(p)}(s))'$，$i=1,2,\cdots,N$，$s\in T$；$h^{(r)}(s)$（$r=1,2,\cdots,p$）的方差函数记为 $v_{h^{(r)}h^{(r)}}$，$h^{(r)}(s)$ 和 $h^{(l)}(s)$ 的交叉协方差函数记为 $v_{h^{(r)}h^{(l)}}(s,t)$（$s,t\in T$），$r,l=1,2,\cdots p$。

定义 $h^{(1)}(s)$，$h^{(2)}(s)$，…，$h^{(p)}(s)$ 的（联合）主成分权函数为向量函数

$$\xi=(\xi^{(1)}(s),\xi^{(2)}(s),\cdots,\xi^{(p)}(s))' \tag{6.24}$$

其中 $\xi^{(r)}(s)$ 表示 $h^{(r)}(s)$（$r=1,2,\cdots,p$，$s\in T$）各自的主成分权函数。于是可定义多元函数性变量的主成分如下：

$$z_i = \int_T \xi^{(1)}(t)h_i^{(1)}dt + \cdots + \int_T \xi^{(p)}(t)h_i^{(p)}dt = \int_T \xi(t)'h_i(t)dt \tag{6.25}$$

若 $\xi_k^{(r)}(s)$ 为 $h^{(r)}(s)$ 第 k 个函数主成分权重函数，$r=1,2,\cdots,p$，

$\xi_k(s)=(\xi_k^{(1)}(s),\xi_k^{(2)}(s),\cdots\xi_k^{(p)}(s))'$，

则权重函数应满足的约束条件如下：

$$\langle\xi_k,\xi_k\rangle = \int_T (\xi_k^{(1)})^2(t)dt + \cdots + \int_T (\xi_k^{(p)})^2(t)dt = 1 \tag{6.26}$$

$$\langle \xi_k, \xi_l \rangle = \int_T \xi_k^{(1)}(t)\xi_l^{(1)}(t)dt + \cdots + \int_T \xi_k^{(p)}(t)\xi_l^{(p)}(t)dt = 0\ ,\ l,k = 1,2,\cdots K \text{ 且 } l < k \tag{6.27}$$

类似地，多元函数性主成分分析问题可以转化为特征方程系统 $V\xi = \rho\xi$ 的求解问题，具体方程为

$$\int_T v_{h(i)h(1)}(s,t)\xi^{(1)}(t)dt + \int_T {}_{h(i)h(2)}(s,t)\xi^{(2)}(t)dt + \cdots + \int_T v_{h(i)h(p)}(s,t)\ \xi^{(p)}(t)dt = \rho\xi^{(i)}(s) \tag{6.28}$$

其中，$i = 1,2,\cdots p$。

6.3.2　获取权函数的方法

关于多元函数性主成分权函数的计算问题，Ramsay 和 Silverman（2006）在其专著第八章 8.5 部分给出了解决的思路，即利用与 6.2.2 节相同的做法即可解决，但未给出较具体的过程，国内现有文献也未见描述。考虑到多元函数性主成分权函数的计算过程和公式对基于 MATLAB、R、S－Plus 编程相当重要，我们对具体计算过程进行了推导。为了使推导过程清晰可见，首先给出二元函数变量主成分权函数的计算过程，然后过渡到更一般的场合。

设 K 基函数 $\phi_1, \phi_2 \cdots, \phi_K$，函数性变量（随机函数）$x(s)$ 和 $y(s)$ $(s \in T)$ 的 N 次函数观察 $x_i(s)$ 和 $y_i(s)$（已经过中心化处理），基函数展开式为

$$x_i(s) = \sum_{k=1}^{K} c_{ik}\phi_k(s)\ ,\ i = 1,2,\cdots,N$$

$$y_i(s) = \sum_{k=1}^{K} d_{ik}\phi_k(s)\ i = 1,2,\cdots,N$$

若向量函数 $X = (x_1, x_2 \cdots, x_N)'$，$Y = (y_1, y_2 \cdots, y_N)'$，向量函数 $\phi = (\phi_1, \phi_2 \cdots, \phi_K)'$，$C = (c_{ik})_{N\times K}$，$D = (d_{ik})_{N\times K}$，则所有 N 条曲线的基函数展开式为 $X = C\phi$，$Y = D\phi$。于是，交叉协方差函数 $v_{xy}(s,t)$ $(t,s \in T)$ 及 $x(s)$ 和 $y(s)$ 各自的方差函数 v_{xx} 和 v_{yy} 的矩阵形式分别为

$$v_{xx} = N^{-1}\phi(s)'C'C\phi(s)$$

$$v_{yy} = N^{-1}\phi(s)'D'D\phi(s)$$

$v_{xy}(s,t) = N^{-1}\phi(s)'C'D\phi(t)$

现假定特征方程（6.21）和（6.22）中特征函数 $\xi^{(x)}(s)$ 和 $\xi^{(y)}(s)$ 的基函数展开式分别为 $\xi^{(x)}(s) = \phi(t)'b^{(1)}$，$\xi^{(y)}(s) = \phi(t)'b^{(2)}$，其中 $b^{(1)}$，$b^{(2)}$ 为由各自展开式系数构成的列向量；$W = \int_T \phi\phi' dt$。于是，特征方程（6.21）和（6.22）的矩阵形式为

$$\phi'(s)\begin{bmatrix} N^{-1}C'CW & N^{-1}C'DW \\ N^{-1}D'CW & N^{-1}D'DW \end{bmatrix}\begin{pmatrix} b^{(1)} \\ b^{(2)} \end{pmatrix} = \phi'(s)\cdot\rho\begin{pmatrix} b^{(1)} \\ b^{(2)} \end{pmatrix} \tag{6.29}$$

由于此方程对所有 $s \in T$ 都成立，故有纯矩阵方程：

$$\begin{bmatrix} N^{-1}C'CW & N^{-1}C'DW \\ N^{-1}D'CW & N^{-1}D'DW \end{bmatrix}\begin{pmatrix} b^{(1)} \\ b^{(2)} \end{pmatrix} = \rho\begin{pmatrix} b^{(1)} \\ b^{(2)} \end{pmatrix} \tag{6.30}$$

若 $b_k^{(1)}$，$b_k^{(2)}$，$b_l^{(1)}$，$b_l^{(2)}$ 分别是 $x(s)$ 和 $y(s)$ 第 k 和第 l 个主成分权函数基展开式系数构成的列向量，则约束条件为

$$\begin{cases} b_k^{(1)'}Wb_k^{(1)} + b_k^{(2)'}Wb_k^{(2)} = 1 \\ b_k^{(1)'}Wb_l^{(1)} + b_k^{(2)'}Wb_l^{(2)} = 0 \end{cases},\ l,k = 1,2,\cdots K \text{ 且 } l < k \tag{6.31}$$

进一步，令 $b^{(1)*} = W^{1/2}b^{(1)}$，$b^{(2)*} = W^{1/2}b^{(2)}$，$\gamma^* = [(b^{(1)*})',(b^{(2)*})']$，则问题转化为

$$\begin{bmatrix} N^{-1}W^{1/2}C'CW^{1/2} & N^{-1}W^{1/2}C'DW^{1/2} \\ N^{-1}W^{1/2}D'CW^{1/2} & N^{-1}W^{1/2}D'DW^{1/2} \end{bmatrix}\gamma^* = \rho\gamma^* \tag{6.32}$$

解出 γ^* 之后就可求出 $b^{(1)}$、$b^{(2)}$，将其带入 $\xi^{(x)}(s)$ 和 $\xi^{(y)}(s)$ 的基函数展开式即可得到 $x(s)$ 和 $y(s)$ 的权函数 $\xi^{(x)}(s)$ 和 $\xi^{(y)}(s)$，然后利用计算出的 $\int_T(\xi_k^{(x)})^2(t)dt$ 和 $\int_T(\xi_k^{(y)})^2(t)dt$ 值及其曲线特征对结果进行解释。

多元函数性主成分权函数的计算方法是二元情况的直接推广。采用共同的 K 个基函数对 p 个函数性变量及权函数进行展开，设展开式为 $h^{(i)}(s) = B^{(i)}\phi$，$\xi^{(i)}(s) = \phi(s)'g^{(i)}$，其中 $i = 1,2,\cdots p$，$B^{(i)}$ 为第 i 个函数性变量的 N 次观察函数的 K 个基函数系数构成的 $N \times K$ 阶矩阵，$g = (g^{(1)'},g^{(2)'},\cdots,g^{(p)'})'$，矩阵 W 的意义同前，则相应的特征方程为 $\tilde{V}g = \rho g$。其中

$$\tilde{V} = \begin{pmatrix} N^{-1}(B^{(1)})'B^{(1)}W & \cdots & N^{-1}(B^{(1)})'B^{(p)}W \\ \vdots & \cdots & \vdots \\ N^{-1}(B^{(p)})'B^{(1)}W & \cdots & N^{-1}(B^{(p)})'B^{(p)}W \end{pmatrix} \tag{6.33}$$

约束条件为

$$\left.\begin{aligned}\sum_{i=1}^{p}(g_k^{(i)})'Wg_k^{(i)} &= 1\\ \sum_{i=1}^{p}(g_k^{(i)})'Wg_l^{(i)} &= 0\end{aligned}\right. ,l,k = 1,2,\cdots K \text{ 且 } l < k \tag{6.34}$$

6.4 房屋销售价格指数与居民消费价格指数的联合变异分析

居民消费价格指数（CPI）是中国政府制定货币政策以及其他宏观经济政策的重要参考指标，它在一定程度上反映了物价水平的变动情况。当流通中的货币供应量超过实际需要的数量时，就会发生通货膨胀。通货膨胀的形成机制、波动特征和未来走势不仅决定了我国经济能否持续稳定地增长，还涉及人民群众的福利水平，因此对其进行研究既有理论价值，更有重要的现实意义。

商品房价格与人民群众的生活休戚相关。自 1998 年中国住房制度正式改革至今，中国商品房销售量大幅增加，带动了房地产市场的发展以及城市基础设施投资的快速增长。房地产市场的发展改善了人们的居住条件，但同时居高不下的房价也给人民群众的生活带来了一定的负面影响。随着房价的节节攀升，人民群众最大的感受就是通货膨胀的日益严重。很多学者就通货膨胀成因进行了研究，发现资产价格、房地产价格对物价水平有重要的影响，尤其在中长期，这种影响更加明显。为分析房屋销售价格指数（HPI）与居民消费价格指数联合（联动）变化的典型方式，我们从中国国家统计局网站收集了全国 30 个大中城市 2002 年第 1 季度到 2010 年第 4 季度的 HPI 与 CPI 数据。

6.4.1 描述性分析

图 6 - 1 描述了 30 个大中城市房屋销售价格指数与居民消费价格指数的变化趋势，从中不难发现，30 个大中城市的房屋销售价格指数在样本区间内的差异比居民消费价格指数大，而且房屋销售价格指数波动剧烈，居民消费价格指数波动较小。

为了进一步考察房屋销售价格指数、居民消费价格指数在样本区间的变动趋势，我们分别对两个函数求导数，得到其速度曲线（见图 6 - 2）。该速度曲线描述了房屋销售价格指数及居民消费价格指数的速度变化。不同城市的房屋销售价格指数的速度曲线变动差异较大。居民消费价格指数的速度曲线在 2006 年以前基本在零附近变动，2006 年到 2008 年大于零，2008 年到 2010 年小于零，不同城市之间差异较小。

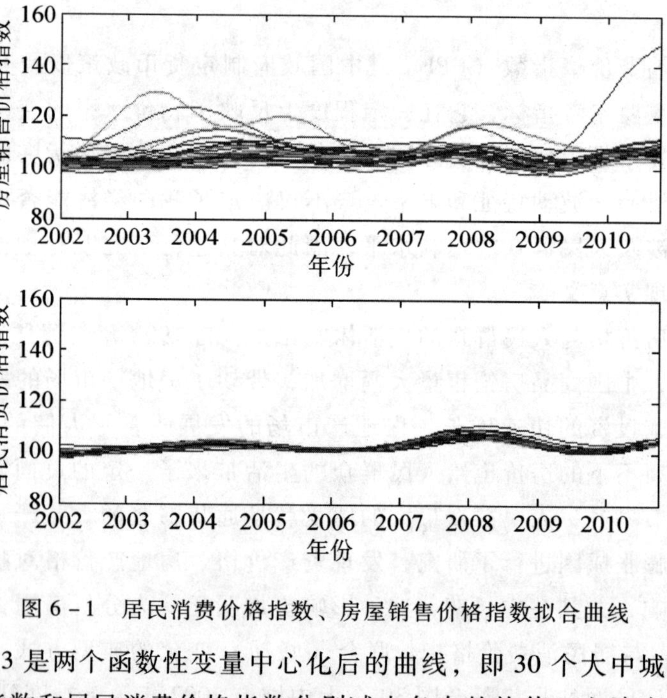

图 6 - 1 居民消费价格指数、房屋销售价格指数拟合曲线

图 6 - 3 是两个函数性变量中心化后的曲线，即 30 个大中城市的房屋销售价格指数和居民消费价格指数分别减去各自的均值，它清晰地展示了各城市的函数性变量偏离均值曲线的情况。相比而言，居民消费价格指

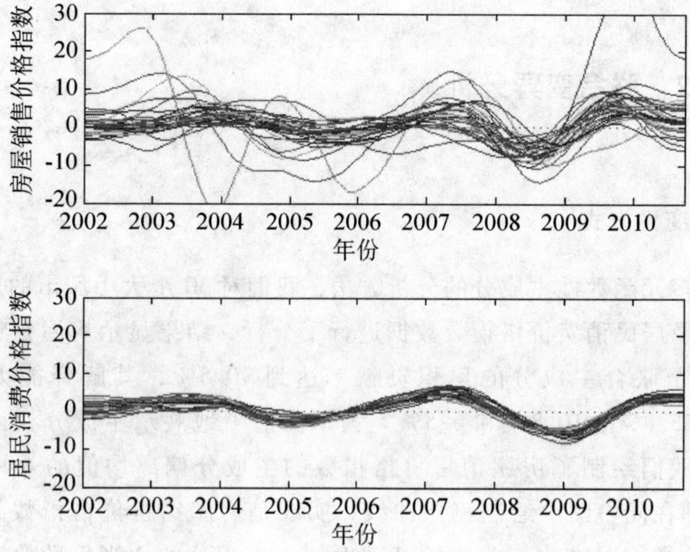

图 6－2　CPI、HPI 速度曲线

数之间差别不大，基本在平均水平附近波动，而房屋销售价格指数之间的差别较大，部分城市明显偏离平均水平。

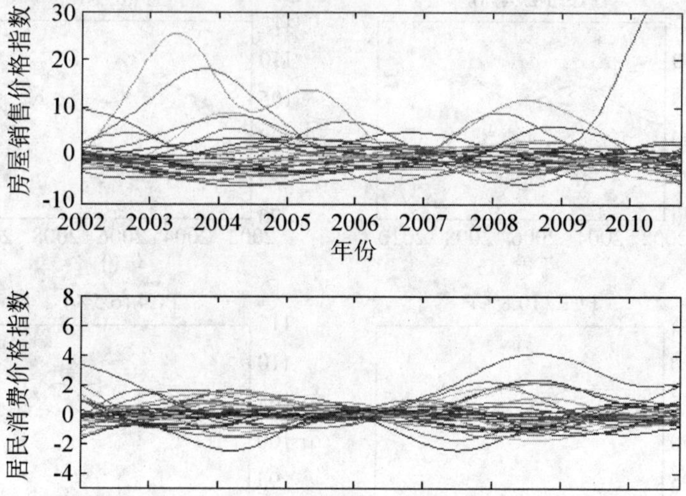

图 6－3　中心化后的曲线

6.4.2 联合变异分析

(1) 变异方式

利用多元函数性主成分的分析方法，我们对 30 个大中城市的房屋销售价格指数及居民消费价格指数数据进行了分析，结果显示房屋销售价格指数的前四个联合主成分的累积贡献率达到 90.5%，其解释能力分别为 47.4%、25.8%、10.8% 和 6.5%。为了更清晰地展示主成分权函数的变化情况，我们绘制了房屋销售价格指数的主成分偏离均值的效果图（见 6－4），即在同一图中绘制三条曲线，实线是房屋销售价格指数的均值曲线，"+"曲线是在均值曲线的基础上加上主成分的适当倍数绘制而成的曲线，"－－"曲线是在均值曲线的基础上减去主成分的适当倍数绘制而成的曲线。这里，倍数的大小依据实际需要选择，我们在绘图时选择的倍数是 5。

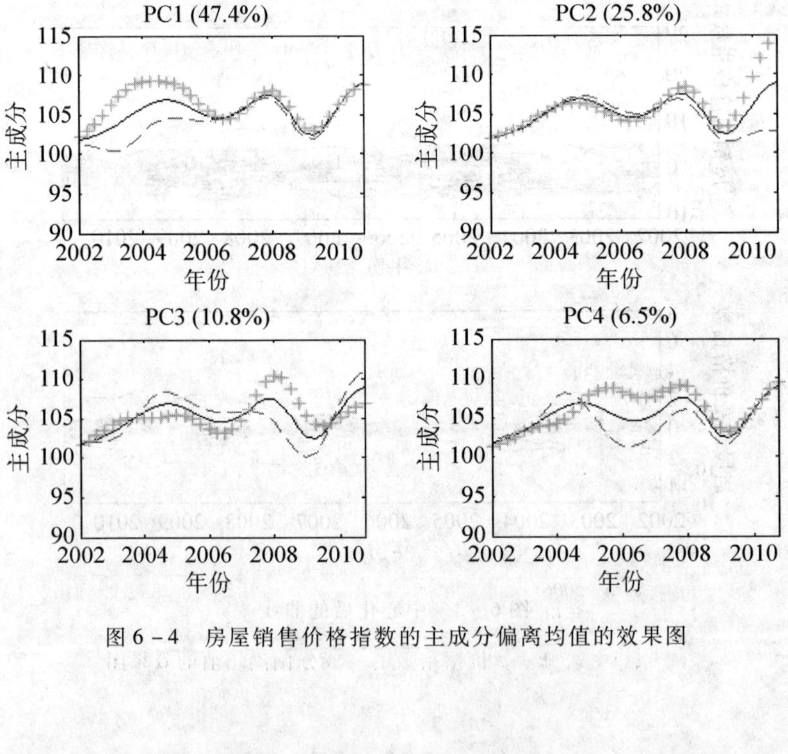

图 6－4　房屋销售价格指数的主成分偏离均值的效果图

第一主成分的权函数说明房屋销售价格指数2006年前变化情况是导致房屋销售价格指数发生变异的最主要方式，即房屋销售价格指数的变化最显著地来源于其2006年前的变化。事实上，2005年，国务院针对快速增长的商品房价格先后两次出台相应的政策，旨在稳定商品房价格；2006年、2007年国家进一步出台政策，对房地产市场进行调控。在各项政策的管控下，中国商品房价格得到了有效地控制，房地产市场的过热发展得到有效降温，因此从2006年开始，30个大中城市的房屋销售价格指数接近平均水平。

第二主成分的权函数说明房屋销售价格指数2008年后的变化情况是导致房屋销售价格指数发生变异的第二主要方式，即除过2006年前的变化引发房屋销售价格指数发生波动外，其次的变化最显著地来源于房屋销售价格指数2008年后的变化。2007年全球金融危机爆发，为了刺激经济复苏，政府出台了一系列的经济举措化解金融危机给国内经济带来的影响，房地产市场开始回暖，“地王”频频出现，从而引发房屋销售价格指数波动。第三主成分与第四主成分的权函数体现的是一种对比与交替变化的情况。

图6-5是居民消费价格指数的主成分偏离均值的效果图。由图6-5可以看出，居民消费价格指数前两个联合主成分的权函数未呈现典型变化特征，相对不重要的第三主成分权函数在一定程度上反映了2007年后，特别是金融危机发生后，国家相关政策对居民消费价格指数变化产生的效应。

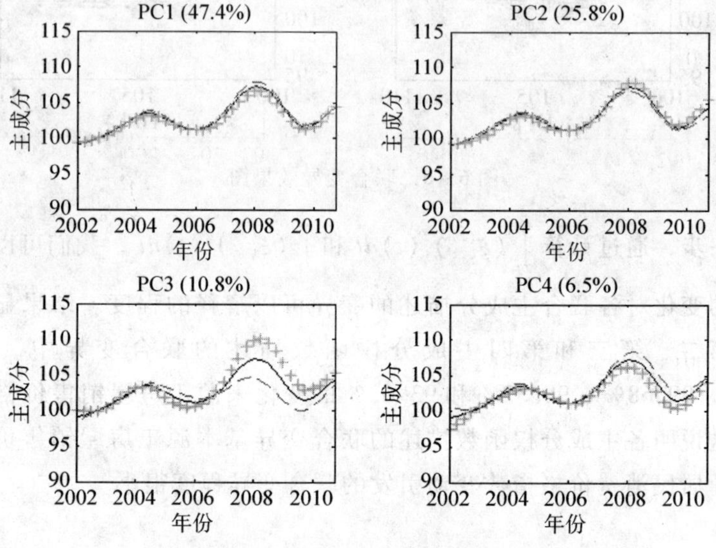

图6-5 居民消费价格指数的主成分偏离均值的效果图

(2) 两种指数的变化引发联合变异的程度分析

为考察在联合主成分权函数描述的变化中，房屋销售价格指数与居民消费价格指数各自可以解释某一特定变化方式的程度，我们首先绘制了联合变异效果图（见图6－6）。在图6－6中，圆圈的中心点代表两种指数变量在区间内的平均水平，在两个变量的平均水平的基础上加上主成分的适当倍数得到新的坐标点，线条连接平均水平的坐标点与新的坐标点。由箭头指示的方向可以看出，主要的变动趋势沿着水平方向，说明联合变异（化）显著地来源于房屋销售价格指数的变化。

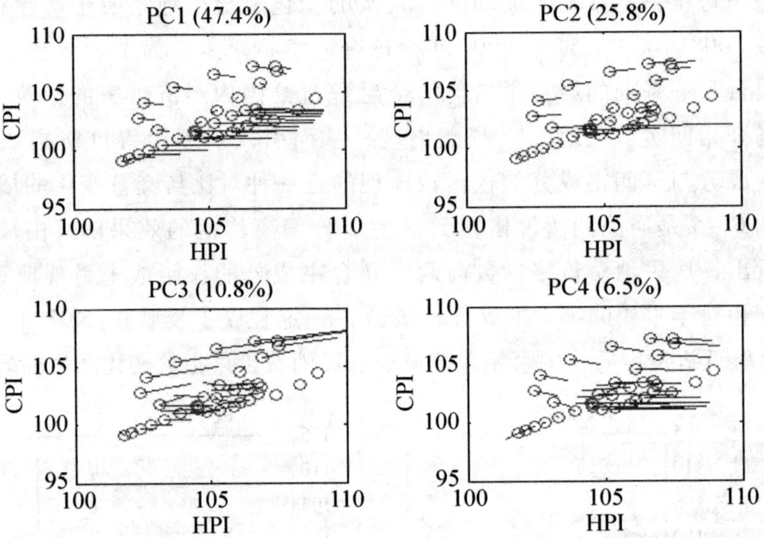

图6－6 联合变异效果图

进一步，通过计算 $\int_T (\xi_k^{(x)})^2(t)dt$ 和 $\int_T (\xi_k^{(y)})^2(t)dt$，我们可以分析两种指数的变化对各联合主成分描述的变异可以解释的程度。结果显示，在第一、第二、第三和第四主成分权函数描述的联合变异中，分别有99.64%、99.68%、98.32%和93.62%的变化来源于房屋销售价格指数的变化。这说明各主成分权函数描述的联合变异基本源于房屋销售价格指数的变化，居民消费价格指数变动引发的联合变异程度很小。

（3）两种指数联合变异与边缘变异的对比分析

我们已经分析了房屋销售价格指数与居民消费价格指数在联合变异中各自呈现的变异特征（方式），这种联合变异方式是否与两种指数在单独变化中（边缘主成分）呈现的变异方式有差异，因此，我们对联合变异与边缘变异进行对比分析。

首先，对房屋销售价格指数与居民消费价格指数分别进行一元函数性主成分分析，得到了它们各自的边缘权函数，其主成分偏离均值的效果分别见图6－7和图6－8。其次，将图6－7与图6－4进行对比、将图6－8与图6－5进行对比，发现房屋销售价格指数各主成分描述的变化方式差异不大，而居民消费价格指数各主成分描述的变化方式前后差异相对较大。之所以出现这种情况，是因为房屋销售价格指数的变化解释联合变化的程度很大。

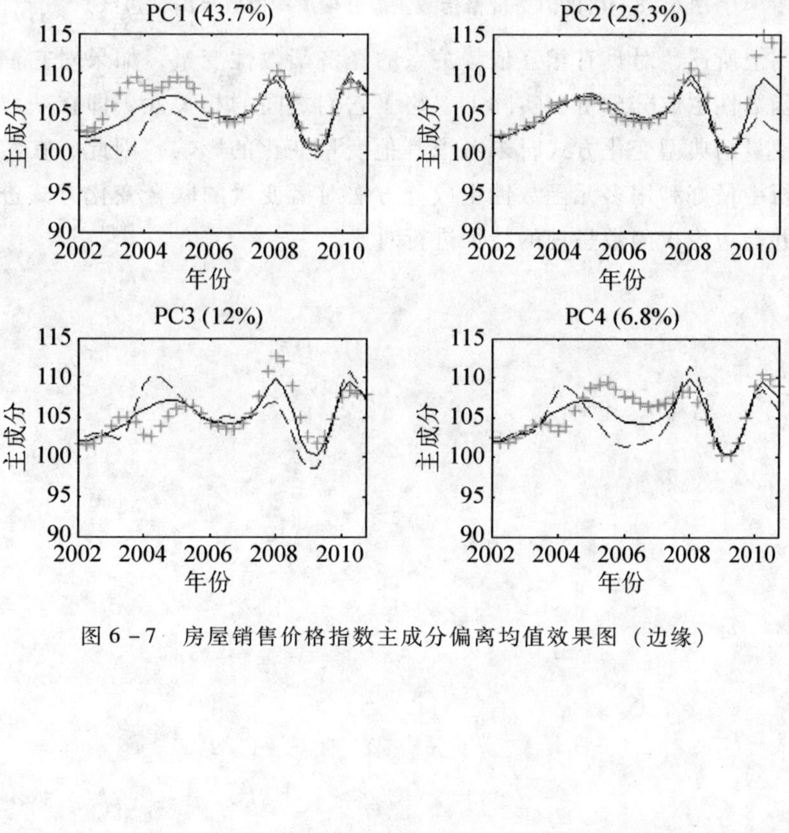

图6－7 房屋销售价格指数主成分偏离均值效果图（边缘）

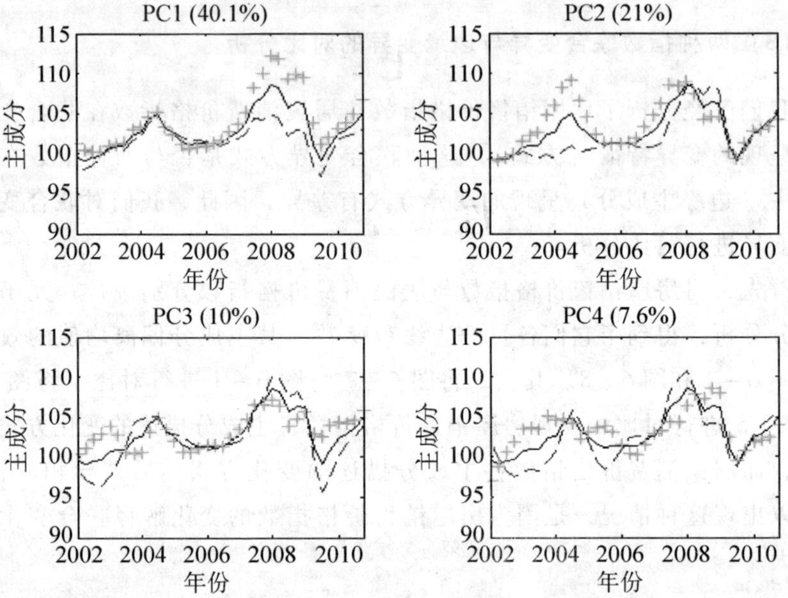

图 6-8 居民消费价格指数主成分偏离均值效果图（边缘）

综上所述，对具有相互依赖关系的经济函数性变量，如果对它们仅作一元函数性主成分分析，实际上忽略了它们之间的相关性，即在获取某一函数变量的典型变化方式时未考虑其他变量变化的影响，因此，在实际经济分析中最好利用多元函数性主成分方法对诸变量的联合变化方式进行分析，并与边缘权函数呈现的特征进行对比。

第七章

函数性方差分析与函数性 Logistic 回归

国外学者在函数性数据分析方法的线性模型方面做了广泛深入的研究，取得了大量研究成果。例如，Ramsay 和 Dalzell（1991）提出了响应变量与预报变量均为随机函数的函数性线性模型；Cardot，Ferrat 和 Sarda（2003）讨论了响应变量为标量，预报变量为函数的线性回归模型；James（2002）在广义线性模型中引入函数性预报变量；Müller 和 Stadtmüller（2005）就响应变量为标量，预报变量为随机函数的广义函数线性回归模型系数函数的估计与推断问题进行了研究。他们将函数性预报变量用有限维基函数展开，并在此基础上对模型中参数进行估计和统计分析。他们还利用协方差函数特征函数的正交基提出了广义回归模型的渐进理论，对模型进行了模拟，并用其分析地中海果蝇数据；Cai 和 Hall（2006），Hall 和 Horowitz（2007）对标量响应的函数性线性回归模型估计的渐近级数进行了研究。Ramsay 和 Silverman（2006）在其专著中对函数性线性模型的研究成果进行了系统总结，他们依据响应变量和预报变量是函数性变量还是标量，将函数性线性回归模型分为函数性响应变量与标量预报变量模型、函数性响应变量与函数性预报变量模型，以及标量响应变量与函数性预报变量模型三种类型，对这些模型的参数函数估计、置信区间（线）、粗糙惩罚法修匀等问题进行了详尽地讨论。

作为函数性广义线性模型的一个特例，函数性 Logistic 模型利用样本曲线的信息来预测某事件发生的可能性，通过函数性变量随时间的变化预测二元响应变量的变化；Ratcliffe（2002）基于模拟的胎儿心率轨迹建立了函数性 Logistic 模型，并用其预测出生风险的比例；Escabias，Aguilerahe 和 Valderrama（2004）提出了用函数性预报变量的主成分作为模型的协变量估计函数性 Logistic 模型的参数，同时提出了选择模型的两种方法，并在模型模拟的基础上对这两种方法进行比较；Escabias，Aguilerahe 和 Valderrama（2005）建立了干旱率与温度曲线之间的函数性 Logistic 模型，并对模型的回归参数进行了解释。

国内学者在函数性线性模型方面也做了一些研究，如耿贵珍（2011）对函数性广义线性模型进行了讨论，对作为其特例的函数性 Logistic 回归模型进行了简单论述和模拟。

通过文献梳理发现，尽管已有文献给出了对函数性数据进行方差分析的方法，如 Ramsay 和 Silverman（1997，2006），但是国内外鲜有文献对经济函数性数据进行分析；另外，国内对函数性预报变量的离散选择模型进行研究的文献不多，鲜有利用函数性 Logistic 回归模型分析实际经济问题的文献。

本章首先给出函数性方差分析的模型、参数函数估计方法和拟合优劣评估方法，并将其用于行业吸纳劳动力差异分析和网上拍卖竞买者出价行为差异的分析中。

然后给出利用函数性主成分估计二元和多元函数性 Logistic 回归模型参数函数的方法，并用其分析商品房价格问题，对参数函数的经济意义进行解释。

7.1 函数性方差分析

在经济研究中，研究者经常需要对感兴趣对象在某些方面的差异进行分析，如 GDP 的区域差异、收入水平的行业差异、不同类别拍卖中竞买者的出价行为差异、不同区域或群体的生活质量差异等。因此，有必要将传统统计分析中方差分析的方法进行扩展，使其适应于函数性数据的分析。

设在分析中已经依据区域、行业、拍卖类别、群体等将研究对象划分为若干个类别：$G_1, G_2, \cdots, G_L$，其中 L 表示类别的个数，每一个类别由诸多个体（样品）组成，假设第 g 个类别中包含 L_g 个个体，个体的总数目为 N，即 $N = \sum_{g=1}^{L} L_g$。第 g 个类别中第 k 个个体的某项指标的数据记为 F_{kg}，其数学模型为

$$F_{kg}(t) = \mu(t) + \alpha_g(t) + \varepsilon_{kg}(t),\ g = 1, 2, \cdots, L,\ k = 1, 2, \cdots, L_g,\ t \in T \tag{7.1}$$

其中，函数 μ 是均值函数，表示指标的总体平均；α_g 表示类别 g 中指标的特殊效应，为了识别的唯一性，它们须对所有的 t 满足 $\sum_g \alpha_g(t) = 0$；误差函数 ε_{kg} 表示类别 g 中第 k 个个体独有的不能被解释的量。

定义一个 $N \times (L+1)$ 的矩阵 Z，每一个个体对应着矩阵 Z 的一行。标记 (k,g) 所指示的行对应类别 g 中的第 k 个个体，这一行的第一个和第 $g+1$ 个位置上的元素为 1，其余位置上的元素为零。用 $z_{(k,g)}$ 表示矩阵 Z 中 (k,g) 所在的行的转置向量，其分量为 $z_{(k,g)j}$ $(j = 1, 2, \cdots, L+1)$。若令 $\beta_1 = \mu, \beta_2 = \alpha_1, \cdots, \beta_{L+1} = \alpha_L$，于是上面的数学模型（7.1）可被等价地表示为

$$F_{kg}(t) = \sum_{j=1}^{L+1} z_{(k,g)j}\beta_j(t) + \varepsilon_{kg}(t) \tag{7.2}$$

其矩阵表达式为

$$F = Z\beta + \varepsilon \tag{7.3}$$

其中，F 表示由 N 个个体的函数数据构成的向量，ε 是由 N 个误差函数构成的向量，β 是由 $L+1$ 个参数函数构成的 $L+1$ 维参数函数向量，即 $\beta = (\beta_1, \beta_2, \cdots, \beta_{L+1})'$。

在约束 $\sum_{j=2}^{L+1} \beta_j = 0$（等价于 $\sum_{g=1}^{L} \alpha_g = 0$）下，通过最小化

$$FVASSE = \sum_g \sum_k \int_T \left[F_{kg}(t) - \sum_{j=1}^{L+1} z_{(k,g)j} \beta_j(t) \right]^2 dt \tag{7.4}$$

就可得到函数参数向量 β 的估计函数 $\hat{\beta}$，即 μ 和诸 α_g 的 LS 估计 $\hat{\mu}$ 和 $\hat{\alpha}_g$。

在函数性数据分析中，不但要确定类别的特殊效应是否非零，还要考虑这些效应是否在特殊的时间 t 处是显著的。与普通的方差分析一样，将这些问题融于误差平方和函数 $FVASSE$、平方复相关函数 $R^2(t)$、和 F 比率函数 $F(t)$ 之中。但是，由于这些量与时间 t 有关，因此分析的方法与标准多元统计场合的情况不一样。设

$$SSE(t) = \sum_{k,g} \left[F_{kg}(t) - (Z\hat{\beta})_{kg}(t) \right]^2 \tag{7.5}$$

$$SSY(t) = \sum_{k,g} \left[F_{kg}(t) - \hat{\mu}(t) \right]^2 \tag{7.6}$$

$$MSE = SSE/df(\text{误差}) \tag{7.7}$$

$$MSR(t) = [SSY(t) - SSE(t)]/df(\text{模型}) \tag{7.8}$$

其中，df(误差)表示误差的自由度，此处为 $N-L$，$df(\text{模型}) = L-1$。平方复相关函数 $R^2(t)$ 和 F 比率函数 $F(t)$ 定义如下：

$$R^2(t) = [SSY(t) - SSE(t)]/SSY(t) \tag{7.9}$$

$$F(t) = MSR/MSE \tag{7.10}$$

计算 $R^2(t)$ 和 $F(t)$ 两个函数的值并绘出函数曲线，就可以由 $R^2(t)$ 看出模型与数据拟合的好坏。一般而言，平方复相关函数 $R^2(t)$ 取值较大才好；由 F 比率函数的大小以及给出的显著水平就可以确定诸个体之间是否存在显著的类别差异。

7.2 函数性方差分析的经济应用

7.2.1 第三产业行业就业人数差异分析

利用第六章的方法和基于 MATLAB 编写的程序，我们对陕西省第三产业九类行业的就业数据（见第四章表 4－1）进行了函数性主成分分析（FPCA），结果显示，第一个主成分（PC1）的解释能力为 86.6%，第二个主成分（PC2）的解释能力为 10.5%，前两个主成分的综合解释能力为 97.1%。通过进一步计算九类行业的 PC1 和 PC2 得分并绘制成图 7－1，得到显示的结果，图中的交通、批发、金融、房地产、卫生、教育、科研、机关和其他分别对应着九类行业。

依据图 7－1，我们将陕西省第三产业的九类行业分为三个类别，一个类别由第三、第四、第五和第七类行业组成，即图 7－1 中金融、房地产、卫生、科研构成的类别；第二个类别由第一、第六和第八类行业组成，即 7－1 中的交通、教育、机关构成的类别；第三个类别由第二和第九类行业组成，即 7－1 中的批发、其他构成的类别。通过编写程序及计算，得出 $R^2(t)$ 函数曲线及 F 比率曲线图，见图 7－2。从 R^2 函数及 F 比率图可以看出：1993 年以后，除 2003 年外，R^2 几乎都超过 0.88，模型与函数性数据拟合的很好；F 在 1992 年以后，除 2003 年外，均大于临界值 5.14（显著水平为 0.05），这说明 1992 年以后（除过 2003 年），陕西第三产业的就业人数在三个类别上有显著的差异。

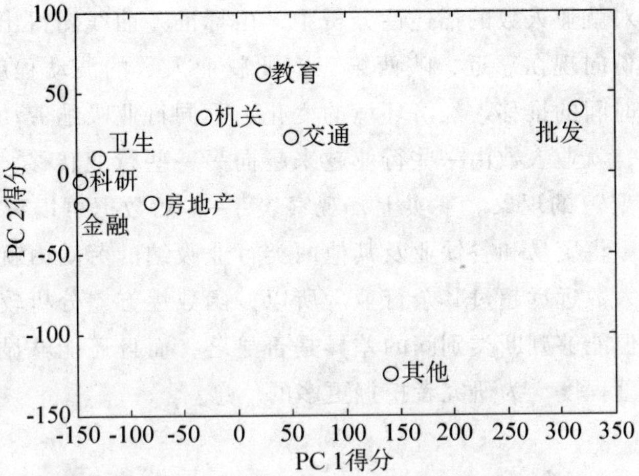

图 7－1　九类行业的 PC1 和 PC2 得分图

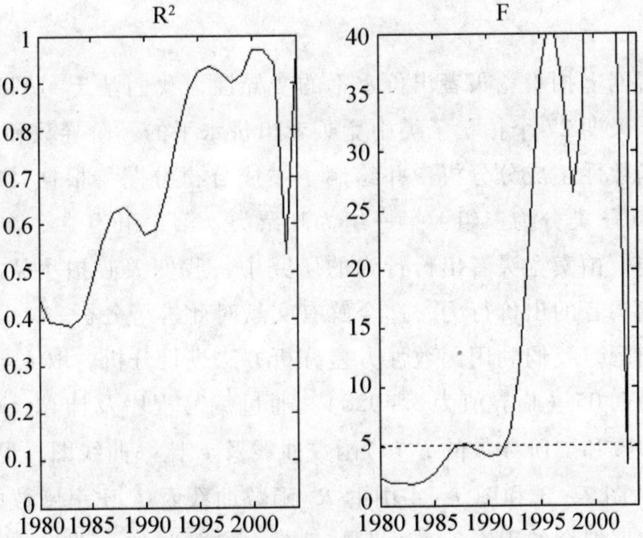

图 7－2　平方复相关函数 $R^2(t)$ 和 F 比率函数曲线

（附注：1980－2004 年的 $R^2(t)$ 及 F 比率函数值：

R^2 = 0.44252，0.39255，0.39028，0.38333，0.40571，0.47571，0.56386，0.62371，0.63639，0.60913，0.57753，0.58956，0.6696，0.79028，0.88297，0.9232，0.9337，0.9229，0.89832，0.91717，0.96816，0.97045，0.93753，0.53717，0.9776

F = 2.3814，1.9387，1.9203，1.8649，2.0481，2.722，3.8785，4.9726，5.2507，4.6752，4.1011，4.3093，6.0799，11.305，22.635，36.061，42.251，35.908，26.504，33.219，91.223，98.52，45.019，3.4819，130.94）

在前面对就业人数的描述性分析中，由标准差曲线图得出了这样的结论：随着年份向现在靠近，陕西第三产业就业人数的波动程度越来越大。这说明随着时间的推移，经济环境的变化，不同行业吸纳劳动力的能力差异越来越大，就业人数由一些行业越来越向另一些行业转移，出现了向个别行业“集聚”的现象。事实上，观察表 4 - 1 的数据可以看出，1993 年以后，批发零售贸易和餐饮业及其他两类行业吸纳的劳动力就业人数快速增长，就业人数远远超过其余行业。所以，函数性方差分析较之普通的方差分析，不但能够判断类别间的差异是否显著，而且还能够显示差异随时间变化的显著程度，为研究者挖掘更多的信息。

7.2.2 竞买者出价行为的拍卖品类别差异分析

为分析网上拍卖竞买者出价水平的变异性，我们基于 MATLAB 编写的程序，对 7 天期 27 个拍卖子类中竞买者出价水平的一阶导数和二阶导数数据进行了函数性主成分分析，并绘制了主成分得分图。根据其得分图，可对 27 个拍卖子类分为三组：第一组为邮票类，第二组为雕刻类，其余为第三组。在网上拍卖竞买者出价行为的研究中，我们关心拍卖品的组别差异是否影响竞买者的出价行为，迄今鲜有文献对此进行分析。

对此问题，我们利用函数性方差分析方法进行分析。取 $L=3$，$N=27$，显著水平为 0.05（临界值为 3.4028）。通过编写程序及计算，可得到出价水平一阶导数和二阶导数的 $R^2(t)$ 函数曲线及 F 比率曲线图，见图 7 - 3 和图 7 - 4。从图 7 - 3 和图 7 - 4 中的 R^2 函数曲线及 F 比率函数曲线可以看出，尽管数据拟合的程度不高，但却呈现一定的规律，即出价水平的一阶导数在拍卖前两天与拍卖的最后一天两个时段，较之拍卖中间时段拟合程度高；出价水平的二阶导数在拍卖前三天与拍卖的最后两天两个时段，较之拍卖中间时段拟合程度高。出价水平的一阶导数和二阶导数的 F 值也呈现相同的特征，而且前段的 F 值明显大于拍卖后段的 F 值。这种情况说明，在三个拍卖组中，竞买者出价水平的动态性在拍卖前段和后段有显著的差异，在拍卖中间阶段差异不显著，即在网上拍卖中，物品的拍卖组别显著地影响竞买者的出价行为，行为发生显著变化的时段是拍卖过程的早期段和后期阶段，尤其是拍卖的早期阶段。

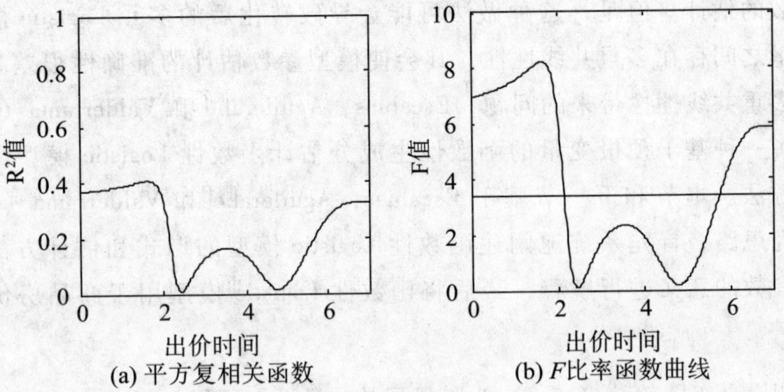

图 7－3　三个拍卖组出价水平一阶导数的 $R^2(t)$ 和 F 比率函数曲线

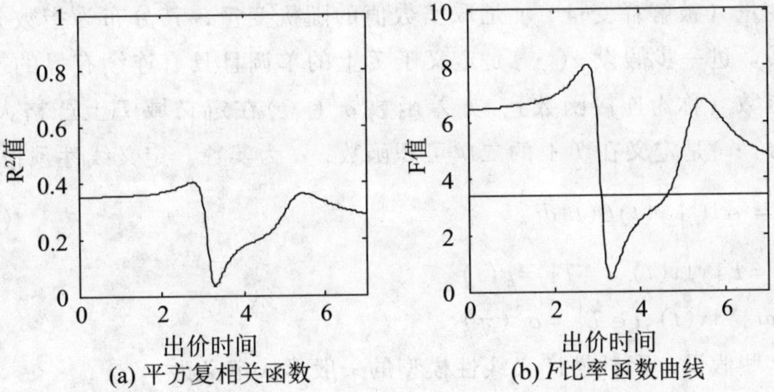

图 7－4　三个拍卖组出价水平二阶导数的 $R^2(t)$ 和 F 比率函数曲线

7.3 函数性 Logistic 回归模型

7.3.1　函数性广义线性模型

在函数性 Logistic 模型的估计中，一般将函数性预报变量和回归参数用一组基函数展开，从而将模型参数的估计转化为传统的多元 Logistic 模型参数的估计。但是，这种做法可能会导致转化后的多元 Logistic 模型的协变量之间存在多重共线性性，其会使模型参数估计的准确性很差。为了解决多重共线性性带来的问题，Escabias，Aguilerahe 和 Valderrama（2004）给出了一种基于预报变量的函数性主成分估计函数性 Logistic 模型函数参数的方法。本节和下一节基于 Escabias，Aguilerahe 和 Valderrama（2004）的研究思路，首先系统地阐述函数性 Logistic 模型的形式和估计方法，其次对参数的意义进行解释，最后将函数性 Logistic 模型用于商品房价格的分析。

假设自变量 $x(t)$（$t\in T$）为随机函数，且平方可积，即 $\int_T x^2(t)dt<+\infty$；响应变量（被解释变量）y 是取实数值的随机变量，其分布为指数分布族中一员。进一步假设 $g(\cdot)$ 是定义于 T 上的单调且具有连续有界的二阶导数的函数（称为连接函数），方差函数 $\sigma^2(\cdot)$ 在定义域 T 上严格大于 0，参数 $\beta(\cdot)$ 是定义在 T 上的二次可积函数，α 为实数。定义线性预报量

$$l=\alpha+\int_T x(t)\beta(t)dt \tag{7.11}$$

$$\pi=E\{y|x(t),t\in T\}=g(l)$$

$$Var\{y|x(t),t\in T\}=\sigma^2(\pi)$$

基于这些假设，函数性广义线性模型的一般形式定义为

$$y=g(\alpha+\int_T x(t)\beta(t)dt)+\varepsilon \tag{7.12}$$

其中，随机误差项 ε 满足

$$E\{\varepsilon|x(t),t\in T\}=0$$

$$Var\{\varepsilon|x(t),t\in T\}=\sigma^2(\pi)$$

7.3.2 函数性 Logistic 模型——单函数性自变量

(1) 模型

当连接函数为 $g(l)=\exp(l)/[1+\exp(l)]$，y 为两分类变量时，函数

性广义线性模型即为函数性 Logistic 回归模型，即

$$\pi = g(l) = \exp(\alpha + \int_T x(t)\beta(t)dt)/[1 + \exp(\alpha + \int_T x(t)\beta(t)dt)]$$

$$y = \frac{\exp(\alpha + \int_T x(t)\beta(t)dt)}{1 + \exp(\alpha + \int_T x(t)\beta(t)dt)} + \varepsilon \tag{7.13}$$

若 $x(t)$ 的 N 次观测为 $\{x_1(t), x_2(t), \cdots, x_N(t)\}$ $(t \in T)$，与其对应的 y 的 N 次独立观测记为 $\{y_1, y_2, \cdots, y_N\}$ 且在 $\{0, 1\}$ 中取值，ε_i $(i=1,2,\cdots,N)$ 是 N 次独立观测的随机误差，且均值为零。记

$$l_i = \alpha + \int_T x_i(t)\beta(t)dt, \quad i=1,2,\cdots,N$$

$$\pi_i = E\{y|x_i(t), t \in T\} = P[y=1|x_i(t), t \in T] = g(l_i), \quad i=1,2,\cdots,N$$

由于 $g(l_i) = \exp(l_i)/[1+\exp(l_i)]$，故有

$$\pi_i = \exp(\alpha + \int_T x_i(t)\beta(t)dt)/[1 + \exp(\alpha + \int_T x_i(t)\beta(t)dt)], \quad i=1,2,\cdots,N$$

$$\pi_i/(1-\pi_i) = e^{l_i}, \quad i=1,2,\cdots,N \tag{7.14}$$

或

$$l_i = \ln[\pi_i/(1-\pi_i)], \quad i=1,2,\cdots,N \tag{7.15}$$

或写为

$$\ln[\pi_i/(1-\pi_i)] = \alpha + \int_T x_i(t)\beta(t)dt, \quad i=1,2,\cdots,N \tag{7.16}$$

（7.16）式在传统 Logistic 回归模型分析中是 Logistic 函数的对数变换，称作 Logit 形式（Logit form），亦称为 y 的 Logit。另外，$\pi_i/(1-\pi_i)$ 称为事件的发生比（the odds of experiencing an event，简称为 odds）（王济川和郭志刚，2001）。所以，模型（7.16）描述的是对数发生比与参数函数的线性依赖关系。

（2）参数函数的意义

在传统的 Logistic 回归模型中，回归系数反映了响应变量和自变量之间的关系，可以利用事件的发生比对回归系数进行解释。依此思路，我们可以解释函数性 Logistic 回归模型中参数的意义。

如前文所述，l_i 是响应变量 y 取 1 时的对数发生比，即

$$l_i = \ln(\pi_i/1-\pi_i) = \ln\frac{P\{y=1|x(t)=x_i(t)\}}{P\{y=0|x(t)=x_i(t)\}},\ i=1,2,\cdots,N$$

现将区间$(t_0,t_0+h)\subseteq T(h>0)$上的函数观测值都加常数$K(K>0)$，这样

$$x_i(t)\to x_i^*(t) = x_i(t) + I_{\Delta t=h}(t)\cdot K$$

其中，

$$I_{\Delta t=h}(t) = \begin{cases} 1 & t\in(t_0,t_0+h) \\ 0 & t\notin(t_0,t_0+h) \end{cases}$$

于是，在增加$K(K>0)$后，对数发生比变为

$$l_i^{\ *} = \ln(\pi_i^{\ *}/1-\pi_i^{\ *}) = \ln\frac{P\{y=1|x(t)=x_i(t)+I_{\Delta t=h}(t)\cdot K\}}{P\{y=0|x(t)=x_i(t)+I_{\Delta t=h}(t)\cdot K\}}$$

利用式（7.16）有

$$\begin{aligned} l_i^{\ *} - l_i = \ln\frac{\pi_i^*/(1-\pi_i^*)}{\pi_i/(1-\pi_i)} &= \ln[\pi_i^*/(1-\pi_i^*)] - \ln[\pi_i/(1-\pi_i)] \\ &= \int_T x_i^*(t)\beta(t)dt - \int_T x_i(t)\beta(t)dt \\ &= \int_T [x_i(t) + I_{\Delta t=h}(t)\cdot K]\beta(t)dt - \int_T x_i(t)\beta(t)dt \\ &= K\int_T I_{\Delta t=h}(t)\cdot\beta(t)dt = K\int_{t_0}^{t_0+h}\beta(t)dt \end{aligned} \tag{7.17}$$

由式（7.17）可知，函数性自变量的取值在某区间上增加$K(K>0)$个单位时，Logit 变换l_i的增量是参数函数在该区间上积分值的K倍，即对数发生比变动$K\int_{t_0}^{t_0+h}\beta(t)dt$，或发生比变动$\exp\{K\int_{t_0}^{t_0+h}\beta(t)dt\}$倍。若积分值为正，则响应变量$y$取 1 的概率将增加，反之则减小。

（3）参数函数的基函数估计方法

在实际中，研究者不可能在样本区间T的所有时点上都能获得观测值，通常只能在T的若干个时点$t_{i0},t_{i1},\cdots t_{im_i}$（$i=1,\cdots N$）处得到观测值，而且与不同个体相对应的时点数一般是不同的，即样本信息可由向量$x_i=(x_{i0},\cdots,x_{im_i})'$得到，其中$x_{ik}$是第$i$条样本曲线（样本观测）在时点$t_{ik}(k=0,\cdots,m_i)$处的观测值。假设样本曲线可由基函数组$\{\phi_1(t),\phi_2(t)\cdots,\phi_P(t)\}$展开，其展开式为

$$x_i(t) = \sum_{j=1}^{P} a_{ij}\phi_j(t), \ i=1,\cdots N \tag{7.18}$$

同时，使用上述基函数表示参数函数，即

$$\beta(t) = \sum_{k=1}^{P} \beta_k \phi_k(t) \tag{7.19}$$

若利用样本数据已估计出基函数展开式中的系数，则可以将函数性 Logistic 模型转换为传统的 Logistic 模型，即

$$l_i = \alpha + \int_T x_i(t)\beta(t)\,dt = \alpha + \sum_{j=1}^{P}\sum_{k=1}^{P} a_{ij}\psi_{jk}\beta_k, \ i=1,\cdots N \tag{7.20}$$

其中，

$\psi_{jk} = \int_T \phi_j(t)\phi_k(t)\,dt, \ j,k=1,\cdots,P,$

α 是实数参数，β_k 是待估计的系数。利用矩阵工具，（7.20）式还可表示为

$$L = \alpha 1 + A\psi\beta \tag{7.21}$$

其中，

$A=(a_{ij})_{N\times P}$，$\psi=(\psi_{jk})_{P\times P}$，$\beta=(\beta_1,\cdots,\beta_P)'$，$1=(1,\cdots,1)'$，$L=(l_1,\cdots,l_N)'$

于是，可以通过估计普通 Logistic 模型（7.21）求得参数函数的估计。

令 $\hat{\beta}=(\hat{\beta}_1,\hat{\beta}_2\cdots,\hat{\beta}_P)'$，该参数向量可以应用 New－Raphson 方法求解非线性似然函数方程

$$X'(Y-\Pi)=0 \tag{7.22}$$

求得，不过需借助计算机软件进行计算（Hosmer 和 Lemeshow，1989）。方程（7.22）中，$X=(1|A\psi)$，$Y=(y_1,y_2,\cdots,y_N)'$，$\Pi=(\pi_1,\pi_2,\cdots,\pi_N)'$。参数函数的估计由下式得到：

$$\hat{\beta}(t) = \sum_{k=1}^{P} \hat{\beta}_k \phi_k(t) \tag{7.23}$$

（4）基于主成分的参数函数的估计方法

在普通 Logistic 模型的估计过程中，若模型所含的自变量（解释变量）相关，则会使模型的参数估计失真。类似地，若从时间上相关的数据中得到模型（7.21）中的设计矩阵，这也将导致模型存在多重共线性，在这种情况下根据上文所述的方法对参数函数进行估计往往是不准确的。为消除

多重共线性的影响，我们试图使用原始变量的主成分（PCs）作为多元Logistic 模型的协变量以得到模型中参数的较优估计值。

为了降维和得到参数函数更好的估计，Escabias，Aguilerahe 和 Valderrama（2004）提出了两种不同的函数性主成分处理方法，以改善函数性Logistic 回归模型中参数函数的估计。

一方面，考虑模型（7.21），为解决多重共线性性问题，可将模型的设计矩阵 $A\psi$ 的主成分作为协变量。设 $\Gamma^{(1)}=(\xi_{ij}^{(1)})_{N\times P}$ 是由设计矩阵 $A\psi$ 的主成分构成的矩阵，矩阵 $V^{(1)}$ 的列是与其对应的特征向量，则模型（7.21）可以等价地表示为（Escabias，Aguilerahe 和 Valderrama，2004）

$$L=\alpha 1+A\psi\beta=\alpha 1+\Gamma^{(1)}V^{(1)'}\beta=\alpha 1+\Gamma^{(1)}\gamma^{(1)} \tag{7.24}$$

通过估计模型（7.24）获得 $\gamma^{(1)}$ 的估计值 $\hat{\gamma}^{(1)}$，进而得到 β 的估计值为 $\hat{\beta}=V^{(1)}\hat{\gamma}^{(1)}$。

另一方面，设 $\Gamma^{(2)}=(\xi_{ij}^{(2)})_{N\times P}$ 是 $x_1(t),\cdots,x_N(t)$ 的主成分构成的矩阵，则 $x_i(t)$ 可以表示为

$$x_i(t)=\sum_{j=1}^{P}\xi_{ij}{}^{(2)}f_j(t)\ ,\ i=1,\cdots N \tag{7.25}$$

其中 $f_j(t)$（$i=1,2,\cdots,P$）为主成分权函数。
于是，模型（7.20）可等价地表示为

$$l_i=\alpha+\sum_{j=1}^{P}\xi_{ij}{}^{(2)}\gamma_j{}^{(2)}\ ,\ i=1,\cdots N \tag{7.26}$$

其中 $\gamma_j{}^{(2)}=\int_T f_j(t)\beta(t)dt,j=1,\cdots,P$。注意到 $\xi_{ij}=\int_T x_i(t)f_j(t)dt$，于是上式变为

$$l_i=\alpha+\int_T x_i(t)[\sum_{j=1}^{P}f_j(t)\gamma_j^{(2)}]dt\ ,\ i=1,\cdots N \tag{7.27}$$

从而有 $\beta(t)=\sum_{j=1}^{P}f_j(t)\gamma_j{}^{(2)}$。通过估计普通 Logistic 模型（7.26），得到系数 $\gamma_j{}^{(2)}$ 的估计值 $\hat{\gamma}_j{}^{(2)}$，再结合 $f_j(\mathrm{t})=\sum_{i=1}^{P}f_{ij}\phi_i(t)$，得 β_j 的估计值为 $\hat{\beta}_j=\sum_{i=1}^{P}f_{ij}\hat{\gamma}_j{}^{(2)}\ ,\ j=1,2,\cdots,P$。

因此，函数性 Logistic 模型可以等价地表示为

$$l_i = \alpha + \sum_{j=1}^{P} \xi_{ij}^{(k)} \gamma_j^{(k)},\ i=1,\cdots N,\ k=1,2 \tag{7.28}$$

其中主成分 $\xi_j^{(k)}$ （$k=1,2$）可以由以下两种方法得到：

① 对多元 Logistic 回归模型（7.21）的设计矩阵 $A\psi$ 进行主成分分析，得到主成分矩阵 $\Gamma^{(1)} = A\psi V^{(1)}$；

② 对样本函数 $x_1(t),\cdots,x_N(t)$ 进行函数性主成分分析，这等价于对矩阵 $A\psi^{1/2}$ 进行主成分分析，得到主成分矩阵 $\Gamma^{(2)} = A\psi^{1/2}G$。其中，$G=(\mu_1,\mu_2,\cdots,\mu_P)$，$\mu_j$ （$j=1,\cdots P$）为矩阵 $A\psi^{1/2}$ 的特征向量。

无论用那种方法，参数函数的估计都由下式给出：

$$\hat{\beta}(t) = \sum_{j=1}^{P} \hat{\beta}_j \phi_j(t) = \hat{\beta}'\phi \tag{7.29}$$

其中，$\hat{\beta} = V^{(k)}\hat{\gamma}^{(k)}$（$k=1,2$）。$V^{(1)}$ 的列是 $A\psi$ 协差阵的特征向量，$V^{(2)} = \psi^{-1/2}G$。

当基函数是正交基时，有 $\psi = I_p$，这时两种方法是一致的。

若将上文的矩阵分割如下：

$\Gamma^{(k)} = (\Gamma_{(s)}^{(k)} \mid \Gamma_{(r)}^{(k)}),V^{(k)} = (V_{(s)}^{(k)} \mid V_{(r)}^{(k)}),r+s=P,k=1,2$

则函数性主成分 Logistic 回归模型可以定义为以前 S 个主成分为协变量的模型：

$$L_{(s)}^{(k)} = \alpha_{(s)}^{(k)} l + \Gamma_{(s)}^{(k)} \gamma_{(s)}^{(k)},k=1,2, \tag{7.30}$$

其中，

$\alpha_{(s)}^{(k)}$ 是实参数，

$L_{(s)}^{(k)} = (l_{1\,(s)}^{\ (k)},\cdots,l_{N\,(s)}^{\ (k)})$，

$l_{i\,(s)}^{\ (k)} = \ln[\pi_{i\,(s)}^{\ (k)}/(1-\pi_{i\,(s)}^{\ (k)})]$，

$$\pi_{i\,(s)}^{\ (k)} = \frac{\exp\{\alpha_{(s)}^{(k)} + \sum_{j=1}^{S} \xi_{ij}^{(k)} \gamma_{j(s)}^{(k)}\}}{1+\exp\{\alpha_{(s)}^{(k)} + \sum_{j=1}^{S} \xi_{ij}^{(k)} \gamma_{j(s)}^{(k)}\}},\ i=1,2,\cdots,N,\ k=1,2$$

参数函数的估计可以表示为

$$\hat{\beta}_{(s)}^{(k)}(t) = \sum_{j=1}^{P} \hat{\beta}_{j(s)}^{(k)} \phi_j(t) = \hat{\beta}_{(s)}^{(k)}{}'\phi,\ k=1,2 \tag{7.31}$$

其中，$\hat{\beta}_{(s)}^{(k)} = V_{(s)}^{(k)}\hat{\gamma}_{(s)}^{(k)}$，$\phi = (\phi_1(t),\phi_2(t)\cdots,\phi_P(t))'$。

虽然可以根据主成分的方差贡献率来确定模型中应包含的主成分个

数，但是在主成分回归中还应考虑到模型的预测能力。Escabias 等（2004）提出了选择模型中应包含的主成分的两种方法：一种方法是根据方差贡献率将主成分依次加入模型中；另一种方法是根据条件似然比检验通过逐步回归方法选择主成分。经多次模拟，他们发现用第二种方法通过引入矩阵 $A\psi$ 的主成分进行参数估计能够得到更精确的结果。

7.3.3 函数性 Logistic 模型——多函数性自变量

若模型中包含 q（$q>1$）个函数性自变量，设第 m 个函数性变量为 $x^{(m)}(t)$（$t\in T$），$m=1,2,\cdots,q$，其 N 次样本观测信息由曲线 $x_1^{(m)}(t)$，$x_2^{(m)}(t)\cdots,x_N^{(m)}(t)$给定；二元响应变量 Y 及其样本观测值的设定同前。多函数性自变量的 Logistic 回归模型为

$$y_i=\pi_i+\varepsilon_i,\ i=1,2,\cdots,N \tag{7.32}$$

其中，

$$\pi_i=E(y|x_i^{(1)}(t),\cdots x_i^{(q)}(t):t\in T)$$

$$=\frac{\exp\{\alpha+\sum_{m=1}^{q}\int_T x_i^{(m)}(t)\beta^{(m)}(t)dt\}}{1+\exp\{\alpha+\sum_{m=1}^{q}\int_T x_i^{(m)}(t)\beta^{(m)}(t)dt\}}$$

$i=1,\cdots,N$，α 是实数，$\beta^{(m)}(\cdot)$为参数函数（$m=1,2,\cdots,q$），ε_i（$i=1,\cdots,N$）是 N 个独立且均值为零的随机扰动项。

另一种描述多函数性自变量的 Logistic 回归模型为

$$l_i=\alpha+\sum_{m=1}^{q}\int_T x_i^{(m)}(t)\beta^{(m)}(t)dt\ ,i=1,2,\cdots,N \tag{7.33}$$

其中，$l_i=\ln[\pi_i/(1-\pi_i)]$。

若记 $x_i(t)=(x_i^{(1)}(t),x_i^{(2)}(t),\cdots x_i^{(q)}(t))$，$\beta(t)=(\beta^{(1)}(t),\beta^{(2)}(t)\cdots,\beta^{(q)}(t))'$，则模型可以等价表示为

$$l_i=\ln[\pi_i/(1-\pi_i)]=\alpha+\int_T x_i(t)\beta(t)dt\ ,\ i=1,2,\cdots,N \tag{7.34}$$

多函数性自变量的 Logistic 回归模型的估计问题也可以转化为普通的 Logistic 模型，其估计思路和方法与单函数性自变量情形下相似。

7.4 基于函数性 Logistic 回归的商品房价格影响因素分析

房地产业是国民经济体系中的基础产业，其健康发展对带动其他产业发展有重要的意义。房地产价格波动对经济发展和居民的生活也会产生重要的影响。国内外许多学者针对商品房销售价格的变动做了许多研究，但鲜有文献使用函数性 Logistic 模型研究房价变动，本节我们利用函数性 Logistic 模型分析商品房销售价格涨跌与房价影响因素之间的关系。

7.4.1 指标选取及数据来源

(1) 指标选取

我们选用商品房平均销售价格增长率 Z 作为商品房价格的衡量指标，C 为房价增长率的中位数，商品房平均销售价格为各类商品房屋的销售总额除以销售总面积。在此，我们引入虚拟变量 Y 作为描述房价是否上涨的变量，Y 取 1，表示房价上涨；Y 取 0，表示房价下跌，具体取值如下：

$$Y=\begin{cases}1 & Z\geqslant C\\0 & Z<C\end{cases}$$

影响商品房价格变动的因素很多，由于数据有限，我们主要从基本经济层面进行分析。首先，影响商品房价格的主要经济要素之一是经济发展状况。经济增长会带动房地产需求增加，从而推动商品房价格上涨，因此商品房价格与宏观经济呈同方向发展的趋势。自改革开放以来，工业经济一直是中国经济增长的主导力量，工业也是第三产业发展的基础，是财政收入的主要来源。因此，可选取工业增加值作为衡量经济发展水平的指标；其次，物价水平高低直接影响着商品房价格。当物价水平整体上涨，通货膨胀趋势上升时，商品房价格随之上涨，中国通常采用居民消费价格指数衡量物价水平的高低；第三，房地产投资对商品房价格也有重要影响。对房地产的投资不断增加，增大了商品房的供给数量，进而影响商品房价格，此处选取房地产开发投资额增长率作为衡量房地产投资水平的指标。

综上所述，我们选取了工业增加值（X_1）、居民消费价格指数（X_2）、房地产企业开发投资额增长率（X_3）三个指标，用来说明商品房价格的变动。

（2）数据来源

通过查阅 2010—2011 年的《中国统计年鉴》，我们获得了全国 31 个省、自治区、直辖市商品房销售额和商品房销售面积的年度数据，并由此计算出 2011 年商品房平均销售价格增长率，从而对 2011 年 31 个省市自治区商品房价格是否上涨这一虚拟变量赋值；通过对中国经济社会发展统计数据库的查阅获得了 2010 年中国 31 个省、自治区、直辖市工业增加值、居民消费价格指数及房地产开发投资额增长率的月度数据。

7.4.2 中国商品房价格涨跌影响因素分析

我们的目的是探讨工业增加值、居民消费价格指数及房地产开发投资额增长率如何影响商品房价格的涨跌，即基于 2010 年各地三个影响变量的数据和 2011 年各地商品房价格涨跌情况建立预测模型。建立的函数性 Logistic 模型如下：

$$l_i = \beta_0 + \int_0^{12} \beta_1(t)x_{i1}(t)dt + \int_0^{12} \beta_2(t)x_{i2}(t)dt + \int_0^{12} \beta_3(t)x_{i3}(t)dt, \quad i = 1, \cdots 31 \tag{7.35}$$

其中，

$$l_i = \ln[\pi_i/(1-\pi_i)] = \ln \frac{P\{y=1 \mid x_1(t)=x_{i1}(t), x_2(t)=x_{i2}(t), x_3(t)=x_{i3}(t)\}}{P\{y=0 \mid x_1(t)=x_{i1}(t), x_2(t)=x_{i2}(t), x_3(t)=x_{i3}(t)\}}$$

l_i 表示 2011 年第 i 个地区商品房平均销售价格上涨的对数发生比，$x_{i1}(t)$、

$x_{i2}(t)$ 及 $x_{i3}(t)$ 分别表示 2010 年第 i 个地区第 t 个月的工业增加值、居民消费价格指数及房地产开发投资额增长值，β_0 为回归参数，$\beta_1(t)$、$\beta_2(t)$ 及 $\beta_3(t)$ 分别为各自变量的回归系数函数。

(1) 离散数据的函数化处理

为从 2010 年中国 31 个省、自治区、直辖市工业增加值、居民消费价格指数及房地产开发投资额增长率的月度数据中分别估计相应自变量的函数结构，我们选取 B－样条基函数法，阶数取为 4，从 2010 年 1 月到 2010 年 12 月，内节点数为 10，故基函数个数为 14 个。利用 MATLAB7.0 编程并运行，得到工业增加值、居民消费价格指数及房地产开发投资额增长率的拟合曲线，分别见图 7－5、图 7－6 和图 7－7。

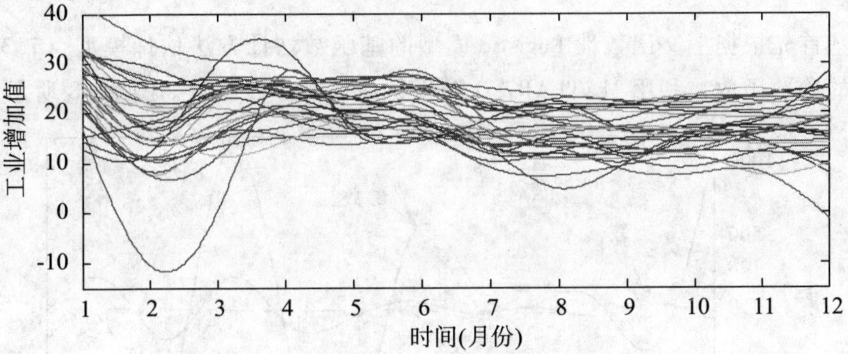

图 7－5　2010 年中国 31 个省、自治区、直辖市工业增加值拟合曲线

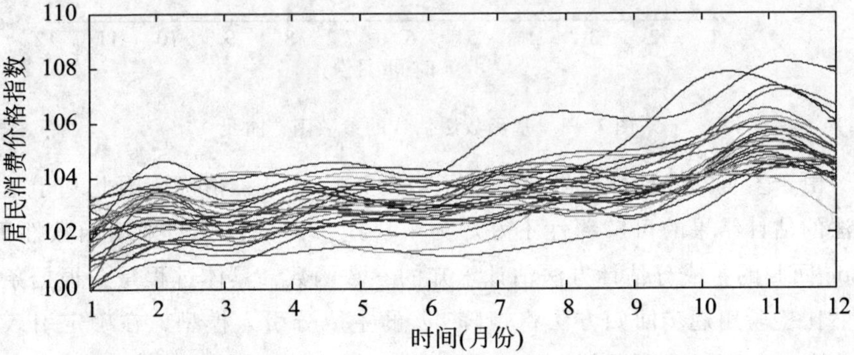

图 7－6　2010 年中国 31 个省、自治区、直辖市居民消费价格指数拟合曲线

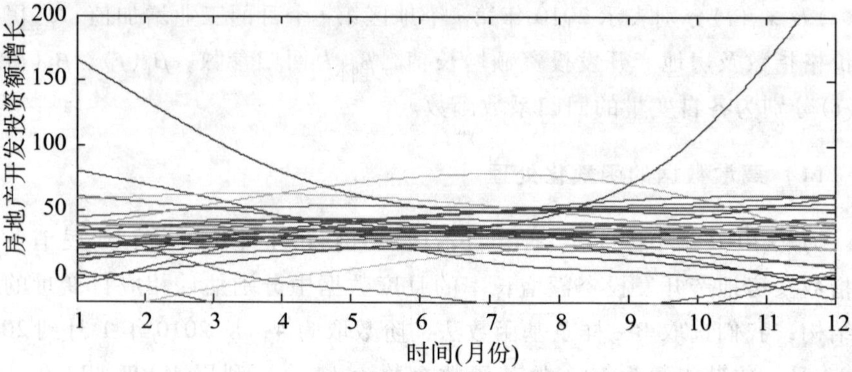

图 7－7 2010 年中国 31 个省、自治区、直辖市房地产开发投资额增长率拟合曲线

(2) 函数性 Logistic 模型参数函数的估计

首先根据上文函数性 Logistic 模型的基函数估计方法估计模型（7.35）中的参数函数，利用 MATLAB7.0 编程，估计的参数函数如图 7－8 所示。

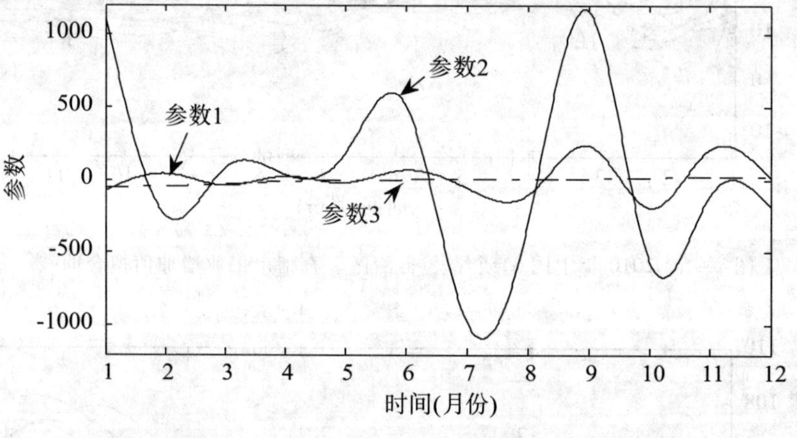

图 7－8 基函数法估计的参数函数曲线

由于多重共线性性会导致参数函数的估计结果不精确，因此基于基函数法的估计结果的可解释性不好。为解决这一问题，我们采用函数性 Logistic 回归的主成分估计方法估计未知的参数函数，具体过程是：根据条件似然比检验用逐步回归方法将矩阵 $A\psi$ 的主成分引入模型，在确定引入的主成分时，可以将不同数目的主成分分别引入模型中，并比较不同模型的判别能力、拟合度及对最后一个加入模型的变量系数为 0 的原假设进行检

验的伴随概率，以此来选择最优的模型。经基于 MATLAB7.0 编程并运行，得到了矩阵 $A\psi$ 的主成分的累积贡献率，具体结果见表 7-1。

表 7-1　　前 8 个主成分的累积贡献率

主成分	1	2	3	4	5	6	7	8
方差累积贡献率（%）	66.48	88.17	96.01	98.23	99.13	99.47	99.66	99.9

由表 7-1 可知，前 8 个主成分的累积贡献率接近 100%，故将前 8 个主成分引入模型，利用 SPSS16.0 中的 Logistic 模型逐步回归法对不同模型计算其判别能力（CCR），拟合度（G^2）及伴随概率（p），结果见表 7-2。由表 7-2 可知，将三个主成分（PC7、PC6、PC1）引入模型时，其 p 值为 $0.09>0.05$，表示最后引入的变量不显著，故用第 6 个和第 7 个主成分作为模型的协变量。将矩阵 $A\psi$ 的主成分 PC6 与 PC7 作为模型的协变量，利用基于 MATLAB7.0 编写的程序得到参数函数的最佳估计，结果见图 7-9。观察图 7-9 发现估计结果显著不同于没有使用主成分估计法的参数函数（图 7-8），其判别能力为 83.9%，模型拟合较好。

表 7-2　　引入不同数目的主成分的模型的结果

PCs	CCR (0.5)	G^2	p
7	77.4	7.474	0.006
7，6	83.9	4.447	0.035
7，6，1	90.3	2.878	0.09

由图 7-9 可以看出，2010 年 1 月至 12 月期间，各个影响因素对商品房价格的影响程度和方向是不同的。具体来看，工业增加值对房价上涨的影响程度最大，居民消费价格指数对房价上涨的影响整体呈负向效应，房地产开发投资额增长对房价上涨的影响程度较小。

（3）函数性 Logistic 模型的参数函数解释

图 7-10 显示了工业增加值对商品房销售价格对数发生比（对数机会比）的影响，拟合曲线在 1 月份到 3 月份一直位于横轴下方，即 1 月份到

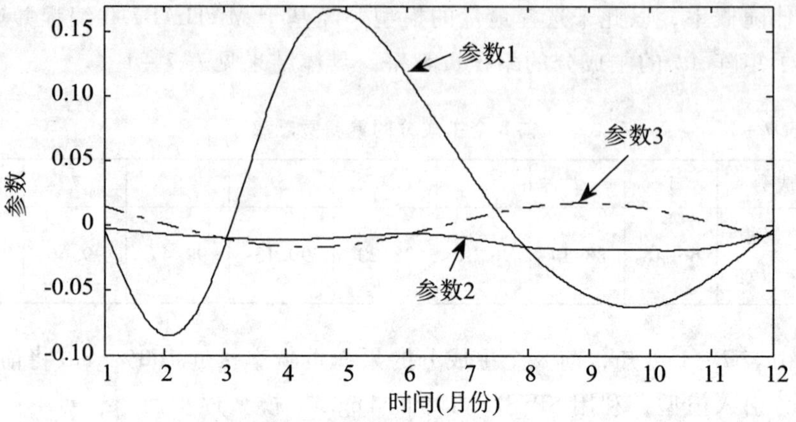

图 7-9 函数性主成分回归法估计的参数函数曲线

3 月份工业增加值对房价上涨机会比有负向效应，曲线从 4 月份到 8 月份位于横轴上方，即在此期间内工业增加值对房价上涨机会比有正向效应，自 9 月份到 12 月份拟合曲线位于横轴下方，即 8 月份到 12 月份工业增加值对房价上涨机会比有负向效应。因此，工业增加值回归参数函数在 1 月份到 3 月份、9 月份到 12 月份的积分为负，在 4 月份到 8 月份的积分为正，具体值为：

$$\int_1^3 \hat{\beta}_1(t)\,dt = -0.115 \qquad \int_3^8 \hat{\beta}_1(t)\,dt = 0.446 \qquad \int_8^{12} \hat{\beta}_1(t)\,dt = -0.173$$

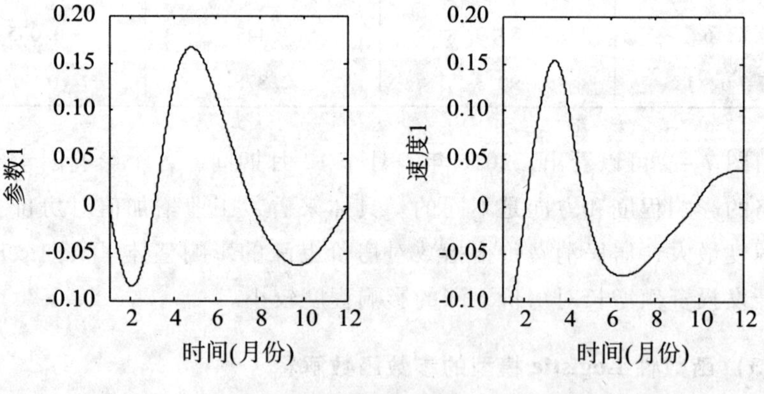

图 7-10 工业增加值回归参数及参数速度拟合曲线

根据上文提到的参数函数解释，可知在其他条件不变时，若 1 月份到 3 月份的工业增加值增加 1 个单位，则商品房价格的发生比将变化 0.89（$e^{-0.115}=0.89$）倍；若 3 月份到 8 月份的工业增加值增加 1 个单位时，则商品房价格的发生比将变动 1.56（$e^{0.446}=1.56$）倍；若 8 月份到 12 月份的工业增加值增加 1 个单位时，则商品房价格的发生比将变动 0.84（$e^{-0.173}=0.84$）倍。再观察速度曲线，速度从 1 月份开始增加，到 2 月份速度由负转为正，2 月份到 5 月份速度均为正，先增加后减小，特别在 3、4 月份影响作用较大，在 5 月份速度由正转为负，5 月份到 10 月份速度都为负，10 月份到 12 月份速度转为正值。

图 7－11 为居民消费价格指数对商品房销售价格对数发生比（对数机会比）的影响，拟合曲线一直位于横轴下方，即居民消费价格指数对房价上涨机会比有负向效应。因此，居民消费价格指数回归参数函数在整个年度的积分为负，具体值为 $\int_1^{12}\hat{\beta}_2(t)\,dt=-0.126$。由此可知，在其他条件不变时，若 1 月份到 12 月份的居民消费价格指数增加 1 个单位，商品房价格的发生比将变动 0.88（$e^{-0.126}=0.88$）倍。再观察图 7－11 中的速度曲线图，从 1 月份到 4 月份，速度曲线呈上升趋势，在 4 月份速度由负转为正，4 月份到 6 月份速度均为正值，先增加后减小，在 6 月份速度由正值转为负值，6 月份到 10 月份速度均为负值，10 月份后速度转为正值，呈上升趋势，消费价格指数对商品房价格影响作用增大。

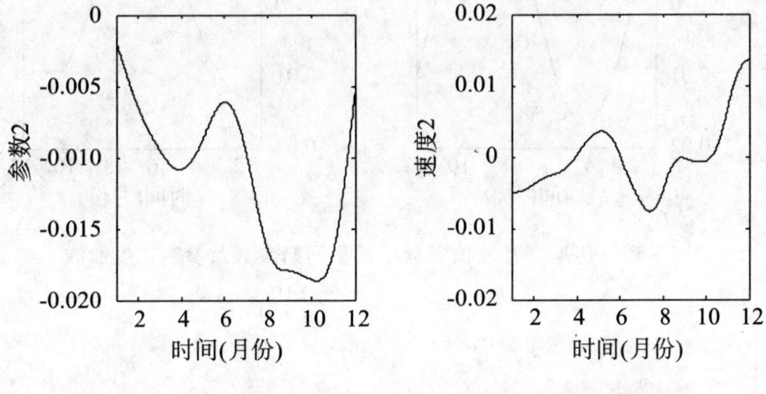

图 7－11　居民消费价格指数回归参数及参数速度拟合曲线

国内外学者大多认为，房价与居民消费价格指数同向变动，居民消费价格指数越高，房价越高，我们在这里所得的结论与其不一致。事实上，随着居民消费价格指数的不断增加，人们实际收入水平不断下降，从而对商品房的消费需求下降，导致商品房价格走低，这正印证了经济学中收入效应原理。

图 7－12 显示了房地产开发投资额增长率对商品房销售价格对数发生比（对数机会比）的影响。由图 7－12 可以看出，房地产开发投资额增长对商品房销售价格上涨的对数机会比在 1 月份到 2 月份有正向效应，在 3 月份到 6 月份有负向效应，在 7 月份到 12 月份有正向效应。进一步，我们可以求出房地产开发投资额增长率的回归参数函数在 1 月份到 2 月份、3 月份到 6 月份和 7 月份到 12 月份的积分值：

$$\int_1^2 \hat{\beta}_3(t)\,dt = 0.008 \qquad \int_2^{6.5} \hat{\beta}_3(t)\,dt = -0.048 \qquad \int_{6.5}^{11.5} \hat{\beta}_3(t)\,dt = 0.052$$

因此，在其他条件不变时，若房地产开发投资额增长率每增加 1 个单位，则 1 月份到 2 月份、3 月份到 6 月份和 7 月份到 12 月份商品房价格的发生比将分别变动 1.01、0.95 和 1.05 倍（$e^{0.008}=1.01$，$e^{-0.048}=0.95$，$e^{0.052}=1.05$）。

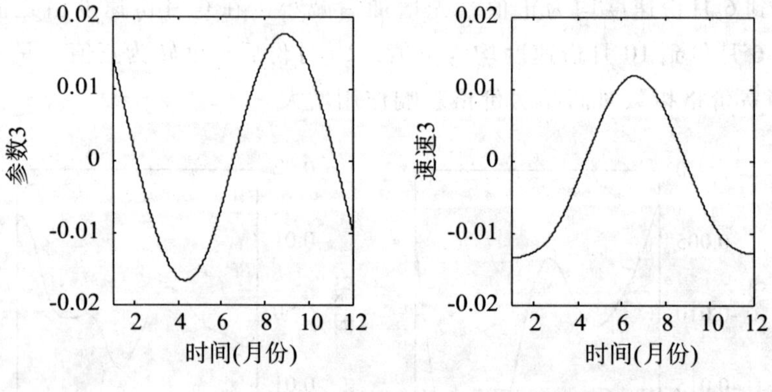

图 7－12 房地产开发投资额增长率回归参数及参数速度曲线

第八章

函数性线性回归模型的比较优势

与传统的多元线性回归模型相比，函数性线性回归分析探索函数性变量之间的关系，具有动态性特征。本章通过对经济实例的分析，说明函数性线性回归分析方法不但能够捕捉经济变量的动态变化信息，而且能够对各因素的影响方向和强度进行分析。同时，通过与其他统计方法的比较，说明函数性线性回归分析方法的预测优势。

8.1 模型参数函数展示信息的优势

本节以网上拍卖中竞买者出价水平影响因素的实证分析为例，考察函数性线性回归模型参数（系数）函数的估计显示的多样化信息。

8.1.1 变量选取与数据收集

(1) 变量选取

通过对网上拍卖中竞买者出价水平影响因素的理论分析，我们从卖家拍卖形式选择、质量信号、竞买者、竞买者出价策略和出价水平的动态性等四个方面，选择了以下 10 个函数变量。具体情况如下：

X_1— 截至目前时刻所有竞买者的出价次数；

X_2— 截至目前时刻所有竞买者的平均信用指数。描述竞买者技能的变量；

X_3— 截至目前时刻的出价者人数；

X_4— 卖家的信用指数。描述卖家信誉的变量；

X_5— 起标价；

X_6— 拍卖前 1.5 天是否有出价，若有，$X_6=1$；否则，$X_6=0$。描述早期出价的虚拟变量；

X_7— 拍卖第 3 天到第 5 天是否有出价，若有，$X_7=1$；否则，$X_7=0$。描述中期出价的虚拟变量；

X_8— 出价水平的一阶导数；

X_9— 出价水平的二阶导数；

X_{10}— 滞后一期的出价金额。

(2) 数据

由于 eBay 上各拍卖类别包含的拍卖品件数存在差异，且许多拍卖类中 3 天、5 天和 10 天期的拍卖很少，故易产生模型分析中样本容量不足问题。因此，我们仅对 eBay 上未设置保留价的 7 天期拍卖数据进行分析。为进行实证分析，本章从第二章描述的 7 天期 27 个 eBay 拍卖子类中选取了数据容量较大的 22 个拍卖子类，并删除了各类中信息不全的拍卖，具体情况见表 8－1，表中第二、四列第一个数字表示拍卖的个数，括号里的数字表示出价次数。

表 8－1　　22 个 7 天期拍卖子类

拍卖类别	拍卖个数（出价次数）	拍卖类别	拍卖个数（出价次数）
手表	108（2395）	儿童书籍	139（2526）
古董	73（1552）	服装	109（3031）
相片	55（1254）	健康与美容产品	99（2550）
手机	188（5576）	傢俬	55（1143）
硬币	157（3095）	园艺产品	48（1257）
纸币	97（1788）	乐器	59（1284）
门票	148（4081）	瓷器	73（1512）
勋章	179（3716）	运动品	46（951）
雕刻	360（7009）	邮票	31（755）
艺术品	38（801）	男装	106（1069）
儿童用品	58（1283）	戏剧玩具	66（1163）
合计			2292（49791）

资料来源：由本文收集到的 eBay 拍卖资料整理而来。

8.1.2　模型构建与参数函数估计

设网上拍卖的期限为$[0,T]$，n 表示拍卖的个数，即样本容量。第 i 个拍卖中竞买者在时刻 t 的出价水平（函数）记为 $P_i(t)$，变量 X_k 在时刻 t 的值记为 $x_{ik}(t)$，$i=1,2,\cdots,n$；$k=1,2,\cdots,10$；$t\in[0,T]$。若出价水平与 10 个变量之间呈现线性关系，则可用样本形式的线性回归模型表示为

$$P_i(t) = \beta_0(t) + \sum_{k=1}^{10}\beta_k(t)x_{ik}(t) + \varepsilon_i(t) \tag{8.1}$$

或用矩阵的形式表示为

$$P(t) = X\beta(t) + \mu(t) \tag{8.2}$$

其中

$P(t)$— 由 n 个出价水平函数构成的向量；

$\beta(t)$— 由 11 个参数函数构成的 11 维参数向量；

X— $n\times 11$ 阶矩阵，第一列的元素由 1 构成，其余 10 列分别对应着 10 个变量在 n 个拍卖中的取值；

$\mu(t)$— 由 n 个误差函数构成的向量。

从模型的数学结构来看，模型（8.2）似乎与一般的线性回归模型一样，其实它们之间是有差别的，最显著的不同之处是模型（8.2）中的变量和参数是时间的函数，具有时变性，故为函数性线性回归模型。关于模型（8.2）中参数函数的估计，Ramsay 和 Silverman（2006）给出了几种估计方法，其中一种比较简单的方法是逐点估计法（pointwise approach），其思路是在$[0,T]$区间内选择若干个格点，如 $t_1,t_2,\cdots,t_N$，在每一格点处利用 LS 估计法对模型参数进行估计，得到参数在 N 个格点处的值，如 $\hat{\beta}(t_1)$，$\hat{\beta}(t_2)$，$\cdots$，$\hat{\beta}(t_N)$。从这些值出发，利用修匀技术就可得到时变参数函数的估计 $\hat{\beta}(t)$。由于函数线性回归模型中参数的估计结果是连续的曲线，因此，与一般的线性回归模型中参数估计值的解释相比，对函数参数进行解释就显得很重要，且具有挑战性。

8.1.3 参数估计结果与分析

(1) 实证结果

利用函数性线性回归模型对影响竞买者出价水平的变量进行分析，需

要做以下几项工作。第一，10 个变量在不同拍卖中的取值。由于只有起标价（X_5）和滞后一期的出价金额（X_{10}）数据可直接获得，其余变量的取值须对现有数据进行加工才能获得；第二，在对函数线性回归模型（8.2）进行估计时，需要在区间[0,T]（此处 T = 7）上选择格点。与 5.3.1 部分一样，此处在选择 7 天期拍卖对应的格点时，让 50% 的格点等间隔分布于拍卖的前 6 天，在最后一天的前 18 个小时（第 6 天到第 6.75 天）每隔 6 个小时选一个格点，在最后 6 个小时的前 3 个小时选一个格点，后每隔 1.5 小时选一个格点，其目的是尽可能的反映竞买者出价的具体特征，选择的格点是{0,1,2,3,4,5,6,6.25,6.5,6.75,6.8125,6.875,6.9375,7}；第三，模型估计的计算机程序。由于无法直接用现有的统计分析软件获得模型参数函数的估计，因此，需要研究者根据需要编写运算程序。作者基于 MATLAB 编写了估计模型（8.2）参数函数的程序。

利用编写的函数性线性回归模型参数函数估计程序，对 7 天期 22 个拍卖子类的数据进行分析，得到了各拍卖子类对应的参数函数估计曲线图 220 个（由于讨论的重点是与 10 个变量相应的参数，因此未绘制描述常数项的函数曲线）。图 8 - 1 是手机类拍卖函数参数估计曲线，对应 10 个变量有 10 条估计曲线，第四行右边两条曲线分别是函数性线性回归模型（8.2）与拍卖数据拟合的程度和方程的显著性。从图 8 - 1 可以看出，方程的拟合程度很高，也很显著。事实上，所有 22 类拍卖数据与模型拟合的程度都很高，除拍卖刚开始阶段外，拟合优度在拍卖的其余时段均在 0.95 左右，且都很显著。由于相关的图形曲线太多，出于篇幅的考虑，本书未将其余 21 个拍卖子类的参数估计曲线在文中给出，仅对其呈现的特征进行描述。

（2）估计结果分析

通过对得到的 220 个参数估计曲线图的观察研读，发现竞买者的出价水平与相应的影响变量之间存在着一些有趣的特征，有些特征普遍存在于各拍卖类别，有些特征却与拍卖的具体类别有关。

1）竞买者的出价次数（X_1）

在整个拍卖过程中，竞买者的出价次数对出价水平始终具有正向效应，即拍卖中竞买者的出价次数越多，竞买者的出价水平越高，最终拍卖

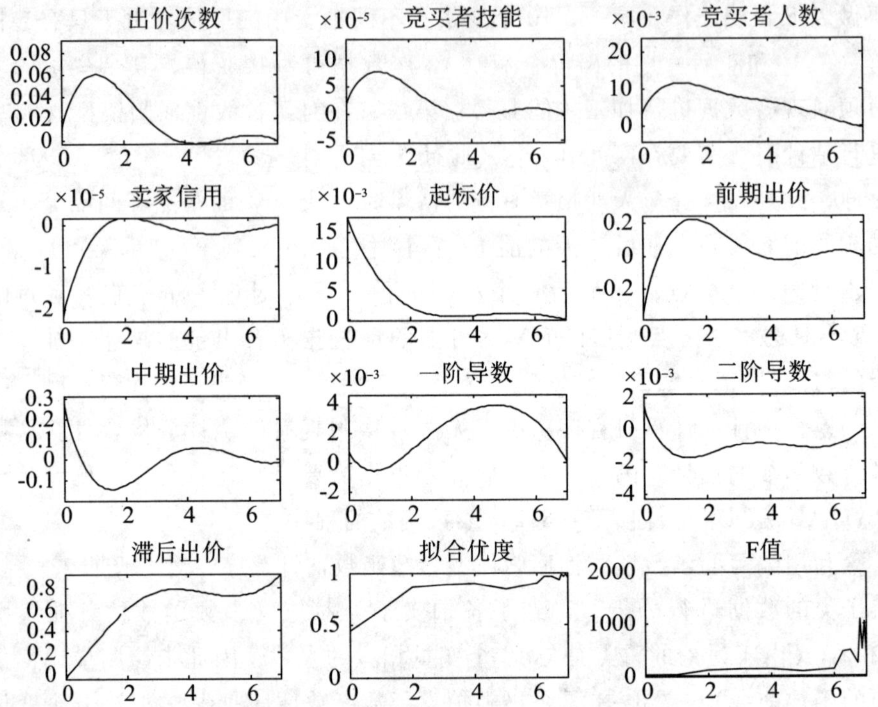

图 8-1 手机类拍卖的函数参数估计曲线

价格也因之趋高。这一结果支持了理论分析中的正向效应说法，也与 Wang，Jank 和 Shmueli（2008）等得出的结论一致。另外，除男装类拍卖外，出价次数对竞买者出价水平的正向效应强度在拍卖的前两天左右最大，在第四天以后效应强度明显减少；男装类拍卖中，正向效应强度变化正好与上相反。这种情况说明，拍卖前期阶段的出价次数一般对拍卖的价格，从而对最终拍卖价格的影响很大，有相对大的驱动力。因此，对竞买者来说，若想在拍卖中获取较高的消费者剩余，最好避免过早出价；对卖家来说，尽可能地采取措施吸引竞买者早期出价，将有助于提高他的收入。

2）竞买者技能（X_2）

一般认为竞买者的技能水平与其出价水平之间存在着负向效应关系。但本文发现 22 个拍卖类中有 10 个类的参数估计值在整个拍卖期内为正，有 15 个类的参数估计值在拍卖前期阶段为正，有 6 类在拍卖的后期为负，其中傢俬、艺术品和男装三类的参数估计值在整个拍卖期内为负。这种情况说明，竞买者的技能水平与其出价水平之间存在负向效应关系的说法并不一直正确。实际情况是竞买者的技能在拍卖的前期阶段对大多数拍卖类（占样品类的68%）的出价水平有正向效应，且在拍卖的第一至第二天尤为强烈；在将近一半的拍卖类中，竞买者的技能在整个拍卖期内对出价水平一直有正向效应。之所以出现这种情况，可能是因为竞买者的信用指数作为其竞标技能水平的度量值，对其他竞买者起了决策参考作用，坚定了那些对拍卖物品价值具有不确定性的竞买者竞标出价的信心，催生了竞买者的竞争。

3）出价者人数（X_3）

关于出价者人数与竞买者出价水平之间的关系，观察其对应的参数估计值曲线发现，22个拍卖类中有15个类（占样品总类68%多）的参数估计值在整个拍卖期内一般取正值，且在拍卖前两天的值最大，但儿童用品、健康与美容产品、园艺产品及男装四个拍卖类的参数估计值在拍卖期内基本取负值。这种情况说明，出价者人数对竞买者出价水平一般具有正向效应关系，且拍卖前期出价人数的多寡对拍卖价格的影响非常大。但对有些物品的拍卖来说，出价者人数也会对竞买者出价带来负的影响，因为当竞买者意识到过多的竞标者参与必然导致竞争激烈及拍卖价格升高时，他可能会选择放弃参与。

4）卖家的信用指数（X_4）

卖家信用指数（信誉）的参数估计曲线图显示，绝大多数拍卖类（约占样品总类的73%）对应的参数估计值在整个拍卖期内取负值，且基本在第四天以后的拍卖期中接近于零值，此结论与 Wang，Jank 和 Shmueli（2008）得出的结论一致。这种情况说明，卖家信用指数（信誉）对竞买者出价水平具有负向效应关系，且在拍卖前期对竞买者的出价水平有较大的抑制作用，在后期抑制作用降低。另外，进一步观察各拍卖类的参数估计曲线图还发现，大约32%的样品类中卖家信用指数的参数估计值在拍卖的第一天中取正值，即对出价水平有正向影响。由以上分析结果可以看出，尽管人们一般认为信誉好的卖家在拍卖中易于拍出高价（Houser 和 Wooders，2006），但这种情况也仅在拍卖刚开始时作用大一些，更多的情况则是卖家信用指数（信誉）对出价水平的负向效应。

5）起标价（X_5）

起标价的参数估计曲线图显示，所有拍卖类起标价的参数估计值在整个拍卖期内均为正，且呈现相同的特征，即在拍卖前两天取值较大，第二天以后取值明显减少且趋于零。这种情况说明，起标价与竞买者的出价水平之间存在着正向效应关系，且正向效应强度在拍卖前两天较大。之所以出现这种情况是因为起标价对竞买者的价值参考作用。在拍卖早期阶段，起标价对竞买者的参考作用较大，随着拍卖的进行，竞买者可参考的信息源扩大（竞买者人数、其他竞买者的出价次数、目前的最高出价等），因而使得起标价对竞买者的参考价值减少。

6）早期出价（若有，$X_6=1$）

早期出价的参数估计曲线图显示，早期出价对竞买者出价水平影响的一个普遍特征是早期出价在拍卖后期（第四天至拍卖结束）对出价水平的影响不大；大约73%的样品类中，早期出价对第一天到第二天的出价水平具有较强的正向效应。但在整个拍卖期内，本文未发现早期出价与竞买者出价水平关系的一般模式，这一发现不同于 Wang，Jank 和 Shmueli（2008）得出的结论。

7）中期出价（若有，$X_7=1$）

中期出价的参数估计曲线图显示，22 类中有 18 个拍卖类（约占样品类的 81%）对应的参数估计值在拍卖后期为正，即中期出价有助于驱动出价水平升高，对竞买者出价水平具有正向效应。

8）出价水平的一阶导数（X_8）

观察一阶导数的参数估计值曲线图发现，除拍卖刚刚开始的时段外，所有拍卖类对应的参数估计值在其余拍卖时段均取正值，且未显现急剧地衰减时点。这种情况一方面说明出价水平的一阶导数与出价水平之间存在着正向效应关系，而且正向效应强度在整个拍卖期内一直比较大，另一方面也一定程度地说明出价水平的一阶导数的变化先于出价水平的变化。

9）出价水平的二阶导数（X_9）

观察二阶导数的参数估计值曲线图发现，除拍卖刚刚开始的时段外，22 类中有 19 个拍卖类（约占样品类的 86%）对应的参数估计值在其余拍卖时段基本取负值。这种情况说明，出价水平的二阶导数与出价水平之间存在着负向效应关系。

10）滞后一期的出价金额（X_{10}）

观察滞后一期出价金额的参数估计值曲线图发现，所有拍卖类对应的参数估计值在整个拍卖期内均取正值，且随着拍卖的进行参数估计值越来越大。这种情况说明，滞后一期的出价金额（水平）与竞买者的出价水平之间存在着愈来愈强的正向效应关系。

通过以上对 eBay7 天期 22 个拍卖子类数据的分析，不但得出了模型变量描述的因素对竞买者出价水平的效应方向，而且得出了相应效应起作用的时段，弥补了现有文献所得结论中普遍存在的片面性和静态性缺陷。为简单明了地描述各因素（变量）对竞买者出价水平的影响，我们将有关分析结论进行了总结，见表 8-2。

表 8-2　变量对竞买者出价水平的效应方向及作用时段

变量名称	效应方向	效应作用时段
竞买者的出价次数	正向	整个拍卖期
竞买者技能	一般为正向	拍卖前期
出价者人数	一般为正向	拍卖前期
卖家的信用指数	一般为负向	整个拍卖期
起标价	正向	整个拍卖期
早期出价	一般为正向	拍卖前期
中期出价	一般为正向	拍卖后期
出价水平的一阶导数	正向	拍卖中后期
出价水平的二阶导数	一般为负向	拍卖中后期
滞后一期的出价金额	正向	整个拍卖期

资料来源：由以上分析整理而得。

8.2 函数性线性回归模型的预测优势

本节使用函数性线性回归模型、VAR 模型、ARIMA 模型和 GM（1，1）

模型对 2000 年至 2010 年间中国商品房平均销售价格进行分析，并基于绝对误差和误差率对预测结果进行分析比较，以探讨函数性线性回归模型在预测稳定性和预测精度方面的表现。

8.2.1 指标选择与数据获取

(1) 指标选择

通过对中国统计年鉴的相关指标进行查询，我们选用商品房平均销售价格作为商品房价格的衡量指标。商品房平均销售价格是指由各类商品房的销售总额除以销售总面积计算而得的混合平均价格。销售总额及总面积包括现房的销售总额及总面积和期房的销售总额及总面积：现房的销售额和销售面积是指报告期内签订出售合同销售的、已竣工的商品房金额及面积；期房销售额和销售面积是指报告期内签订预售合同的、但仍未竣工交付使用的商品房金额及面积。

影响商品房价格变动的因素多种多样，其中对商品房价格变动影响作用最大的分别为经济和政策两方面因素：首先，经济发展水平对房地产市场的发展产生较为直接的影响，商品房价格波动与宏观经济呈同向发展的趋势，因此可选取国内生产总值（或地区生产总值）作为衡量经济发展水平的指标；其次，居民收入水平高低，尤其是居民可支配收入水平高低决定了购买力的大小，进而影响商品房需求水平，故在分析中选取城镇居民人均可支配收入指标；第三，利率作为政府调节经济发展的重要工具，从供给的角度直接影响房地产企业资金的使用，这一影响可直接反映为房地产企业（单位）开发投资完成额的变动；最后，由于政策因素难以用具体指标数据来衡量，故在分析中只用于整体趋势的一般分析。

综上所述，我们选取的指标有四个：商品房平均销售价格（元/平方米）、国内生产总值（GDP，亿元）、城镇居民人均可支配收入（元/人）、房地产企业（单位）开发投资完成额（万元）。

(2) 数据获取

由于我国房地产市场化起步较晚，相关统计指标正在逐步更新完善，统计口径前后不一致，导致相关统计数据获取具有一定困难。通过对历年中国统计年鉴及中国31个省市自治区统计年鉴的逐一查阅，我们确定采用年度数据，具体的指标选择与数据说明见表8－3。

另外，为使分析结果准确可信，我们对获得的数据进行了预处理，即为了消除通货膨胀的影响，用商品房平均销售价格、国内（地区）生产总值、城镇居民人均可支配收入、房地产企业（单位）开发投资完成额分别除以对应的（地区）居民消费价格指数，进行名义值向实际值的转换；其次，将各指标数据取了自然对数，分别记为 *LNPI*、*LNGDP*、*LNIN*、*LNIV*。

表8－3　　　　指标选择及数据获取

全国	31个省、自治区、直辖市
1987—2010年	2000—2010年
商品房平均销售价格（元/平方米）	商品房平均销售价格（元/平方米）
国内生产总值（GDP，亿元）	地区生产总值（亿元）
城镇居民人均可支配收入（元/人）	城镇居民人均可支配收入（元/人）
房地产企业（单位）开发投资完成额（万元）	房地产企业（单位）开发投资完成额（万元）

8.2.2　基于函数性线性回归模型的分析

为分析房价的变动情况，我们首先利用函数性线性回归模型对所获数据进行分析。结合经济理论，我们初步筛选出了房价及其影响因素可能的函数性线性模型如下：

$$LNPI_i(t)=\beta_0(t)+\beta_1(t)LNGDP_{it}+\beta_2(t)LNIN_{it}+\beta_3(t)LNIV_{it}+\varepsilon_i(t) \tag{8.3}$$

$$LNPI_i(t)=\beta_0(t)+\beta_1(t)LNPI_i(t-1)+\beta_2(t)LNGDP_i(t)+\beta_3(t)LNIN_i(t)+\beta_4(t)LNIV_i(t)+\varepsilon_i(t) \tag{8.4}$$

$$LNPI_i(t)=\beta_0(t)+\beta_1(t)LNPI_i(t-1)+\beta_2(t)LNPI_i(t-2)+\beta_3(t)LNGDP_i(t)+\beta_4(t)LNIN_i(t)+\beta_5(t)LNIV_i(t)+\varepsilon_i(t) \tag{8.5}$$

$$LNPI_i(t) = \beta_0(t) + \beta_1(t)LNPI_i(t-1) + \beta_2(t)LNGDP_i(t) + \beta_3(t)LNGDP_i(t-1) + \beta_4(t)LNIN_i(t) + \beta_5(t)LNIN_i(t-1) + \beta_6(t)LNIV_i(t) + \beta_7(t)LNIV_i(t-1) + \varepsilon_i(t) \tag{8.6}$$

（8.3）式—（8.6）式中，$t = 1998, 1999, \cdots, 2010$，$i = 1, 2 \cdots, 31$。另外，$LNPI_i(t)$是第 t 年第 i 个地区的商品房平均销售价格，$LNPI_i(t-1)$、$LNPI_i(t-2)$分别表示第 $t-1$ 年、第 $t-2$ 年第 i 个地区的商品房平均销售价格，$LNGDP_i(t)$、$LNGDP_i(t-1)$分别表示第 t 年、第 $t-1$ 年第 i 个地区的生产总值，$LNIN_i(t)$、$LNIN_i(t-1)$分别表示第 t 年、第 $t-1$ 年第 i 个地区的城镇居民人均可支配收入，$LNIV_i(t)$、$LNIV_i(t-1)$分别表示第 t 年、第 $t-1$ 年第 i 个地区的房地产开发企业（单位）投资完成额，$\beta_0(t)$，$\beta_1(t)$，…，$\beta_7(t)$分别为对应的回归系数函数。

使用逐点估计法，通过基于 MATLAB7.0 编程并运行，发现最佳模型的估计方程为

$$L\hat{N}PI_i(t) = \hat{\beta}_0(t) + \hat{\beta}_1(t)LNPI_i(t-1) + \hat{\beta}_2(t)LNGDP_i(t) + \hat{\beta}_3(t)LNIN_i(t) + \hat{\beta}_4(t)LNIV_i(t) \tag{8.7}$$

该模型参数的逐年估计值$\hat{\beta}_i(t)$（$i = 0, 1, \cdots, 4$）及 R^2、F、P 值见表 8－4，因此，我们选择模型（8.7）预测我国的商品房价格。

表 8－4 中，R^2 为判定系数，反映模型的拟合优度；F 值反映方程的显著性；P 值为 F 值对应的概率值。由检验结果可知，数据与模型拟合的很好，回归模型通过了显著性检验。

为了更清晰地观察各变量对房价影响作用的大小及其变化，我们绘制了回归参数函数的拟合曲线，见图 8－2。图 8－2 呈现了回归参数函数的拟合曲线，图中的 0，1，2，3，4 分别对应着估计出的参数函数 $\hat{\beta}_i(t)$（$i = 0, 1, \cdots, 4$）。由图 8－2 可以看出，2000 年至 2010 年间，各个影响因素对商品房价格的影响程度和方向是不同的，具体来看，滞后一期的商品房价格对当期房价的影响程度最大，且完全为正向效应，城镇居民人均可支配收入对房价的影响整体呈正向效应，其他因素对房价的影响程度相对较小。

表 8 - 4　　函数性线性回归模型的参数估计及检验

年份	$\hat{\beta}_0(t)$	$\hat{\beta}_1(t)$	$\hat{\beta}_2(t)$	$\hat{\beta}_3(t)$	$\hat{\beta}_4(t)$	R^2	F	P
2000	0.585393	0.929988	0.040461	-0.051920	0.005705	0.969724	208.1919	0.00000
2001	-1.172179	0.859460	0.017866	0.327213	-0.054039	0.942043	105.6511	0.00000
2002	-0.063453	0.817383	-0.035414	0.128671	0.043161	0.981829	351.2213	0.00000
2003	-1.236240	0.845334	-0.026713	0.279092	0.009161	0.968229	198.0895	0.00000
2004	-1.253759	0.903219	0.050491	0.324531	-0.087200	0.949302	121.7104	0.00000
2005	-1.182693	0.829183	-0.102177	0.127131	0.156736	0.947993	118.4828	0.00000
2006	-0.979878	0.941736	-0.060536	0.130799	0.054429	0.964726	177.7721	0.00000
2007	-1.388765	0.950291	0.000400	0.232367	-0.018448	0.981236	339.9139	0.00000
2008	1.055758	1.058677	-0.064689	-0.162114	0.041181	0.980814	332.2864	0.00000
2009	-2.799638	0.810872	-0.086709	0.387861	0.098375	0.965577	182.3275	0.00000
2010	1.072573	1.108092	-0.003940	-0.174467	-0.006558	0.988009	535.5525	0.00000

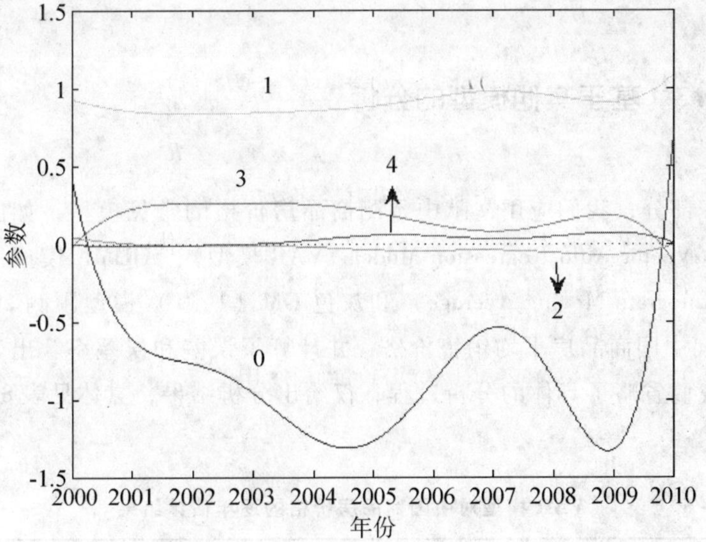

图 8 - 2　回归参数拟合曲线

函数线性回归模型的估计方程（8.7）是基于中国 31 个省市的数据获得的，不能直接代入各指标的全国数据进行分析。因此，我们采用 31 个省市各指标数据的算术平均值作为全国相应指标的代表值，并将其代入方程（8.7），以对全国的商品房价格进行逐年预测回检。另外，我们还计算了误差与误差率（误差 = 估计值 - 实际值，误差率 = 误差/实际值），相关结果见表 8 - 5。

表 8 - 5　函数性线性回归模型对中国商品房价格的逐年估计结果

年份	实际值	估计值	误差	误差率
2000	1698.968	1737.2901	38.3223	0.0226
2001	1803.968	1764.9895	-38.9782	-0.0216
2002	1875.935	1895.9073	19.9718	0.0106
2003	1982.161	1959.1331	-23.0282	-0.0116
2004	2233.578	2170.7839	-62.7936	-0.0281
2005	2636.083	2681.9013	45.8180	0.0174
2006	2918.082	2892.4647	-25.6173	-0.0088
2007	3469.688	3399.0499	-70.6378	-0.0204
2008	3682.71	3683.9834	1.2737	0.0003
2009	4338.71	4264.9031	-73.8065	-0.0170
2010	5138.161	5112.6556	-25.5057	-0.0050

8.2.3 基于其他模型的分析

在本部分，我们应用文献中预测商品房价格的常见模型，如向量自回归模型（Vector Auto Regression Model，VAR 模型），ARIMA 模型（Autoregressive Integrate Moving Average）和灰色 GM（1，1）模型预测 2000 年至 2010 年间中国商品房平均销售价格，并计算了误差和误差率。出于篇幅的考虑，我们省略了具体的分析过程，仅给出分析结果，具体见表 8 - 6 至表 8 - 8。

表 8 - 6　VAR 模型对中国商品房价格的逐年估计结果

年份	实际值	估计值	误差	误差率
2000	2112	2153.6308	41.6308	0.0197
2001	2170	2227.3668	57.3668	0.0264
2002	2250	2321.6631	71.6631	0.0319
2003	2359	2558.2463	199.2463	0.0845
2004	2778	2695.8124	-82.1876	-0.0296

续表

年份	实际值	估计值	误差	误差率
2005	3168	2896.3344	-271.6656	-0.0858
2006	3367	3364.9893	-2.0107	-0.0006
2007	3864	3836.0574	-27.9426	-0.0072
2008	3800	4318.4980	518.4980	0.1364
2009	4681	4328.2395	-352.7605	-0.0754
2010	5032	4921.2208	-110.7792	-0.0220

表 8-7　ARIMA 模型对中国商品房价格的逐年估计结果

年份	实际值	估计值	误差	误差率
2000	2112	1917.6279	-194.3721	-0.0920
2001	2170	2133.1815	-36.8185	-0.0170
2002	2250	2331.3156	81.3156	0.0361
2003	2359	2638.1383	279.1383	0.1183
2004	2778	3004.6426	226.6426	0.0816
2005	3168	3265.6402	97.6402	0.0308
2006	3367	3611.9237	244.9237	0.0727
2007	3864	4136.9611	272.9611	0.0706
2008	3800	4637.3124	837.3124	0.2203
2009	4681	4823.5651	142.5651	0.0305
2010	5032	5566.3253	534.3253	0.1062

表 8-8　GM（1，1）模型对中国商品房价格的逐年估计结果

年份	实际值	估计值	误差	误差率
2000	2112.0	2056.2246	-55.7754	-0.0264
2001	2170.0	2241.3652	71.3652	0.0329
2002	2250.0	2399.6128	149.6128	0.0665
2003	2359.0	2660.4575	301.4575	0.1278
2004	2778.0	2968.5044	190.5044	0.0686
2005	3168.0	3160.9400	-7.0600	-0.0022
2006	3367.0	3425.1599	58.1599	0.0173
2007	3864.0	3843.4605	-20.5395	-0.0053
2008	3800.0	4220.8841	420.8841	0.1108
2009	4681.0	4301.3328	-379.6672	-0.0811
2010	5032.0	4862.9572	-169.0428	-0.0336

依据表 8－5 至表 8－8 给出的四个模型对中国商品房价格的逐年估计结果，我们对相关内容进行了比较，对比结果见表 8－9。

表 8－9 估计结果对比

模型	绝对误差		误差率		
	最小值	最大值	最小值	最大值	逐年平均值
函数性线性回归模型	1.2737	73.8065	0.0003	0.0281	0.014853
VAR 模型	2.0107	518.4980	0.0006	0.1364	0.047223
ARIMA 模型	36.8185	837.3124	0.0170	0.2203	0.079659
GM（1，1）模型	7.0600	420.8841	0.0022	0.1278	0.052040

从对误差的观察发现，基于函数性线性回归模型的估计结果，其绝对误差介于区间（1.2737，73.8065），极差为 72.5328；VAR 模型的绝对误差介于区间（2.0107，518.4980），极差为 516.4873；ARIMA 模型的绝对误差介于区间（36.8185，837.3124），极差为 800.4939；GM（1，1）模型的绝对误差介于区间（7.0600，420.8841），极差为 413.8241。由此可见，基于函数性线性回归模型的估计结果其极差值远远小于其他模型，因此函数性线性回归模型较其他模型具有较强的预测稳定性。

从对误差率的观察发现，函数性线性回归模型的误差率介于区间（0.0003，0.0281），平均误差率为 1.4853%；VAR 模型的误差率介于区间（0.0006，0.1364），平均误差率为 4.7223%；ARIMA 模型的误差率介于区间（0.0170，0.2203），平均误差率为 7.9659%；GM（1，1）模型的误差率介于区间（0.0022，0.1278），平均误差率为 5.2040%。由此可知，函数性线性回归模型的平均误差率远远小于其他模型，有较高的预测精度。

综上所述，在对中国商品房平均销售价格的分析中，函数性线性回归模型在预测稳定性和预测精度两方面均有较好地表现。但是，这里我们讨论的只是一个个例，如果实际问题或分析所用的指标及所获数据发生变化，是否会得到相似的结论，值得进一步探讨。

第九章

函数性数据的微分方程分析方法

在函数性数据分析中，有一种方法利用拟合的光滑函数的导函数对数据进行分析，如 Ramsay, Wang (1995) 采用主微分分析方法对手指捏力数据进行了分析；张莹、叶振军（2009）简单介绍了主微分分析方法的原理和金融应用；剡亮亮（2013）介绍了分析函数性数据的主微分分析方法，并用其对中国银行间同业拆借的变化趋势进行了分析。

通过梳理国内相关研究文献发现，目前的研究主要侧重于介绍主微分分析方法的原理，继而将其应用于所选案例，对如何设定合适的微分算子或微分方程、微分算子或微分方程的有关参数如何估计，以及参数的经济意义如何解释等鲜有论述。本章首先论述函数性数据与微分方程的关系，特别说明了对经济变量分析时微分算子或微分方程的设定问题；其次，讨论了微分方程系数的估计方法；最后，利用所给方法对经济增长及其与投资之间的关系进行了分析。

9.1 函数性数据与微分方程的关系

微分在函数性数据分析中有着广泛的应用，如第五章的相平面图法。函数性数据的微分分析方法就是将拟合函数的导函数引入到函数性数据的分析中，并在分析对象满足某种规律时，使用微分方程对其进行刻画。微分方程不仅能够动态地捕捉观测值的动态变化特征，还能反映数据的曲率等特征，因此微分算子或微分方程在函数性数据分析中有广泛的应用。

许多情况下，令研究者更感兴趣的并不直接是观测数据本身，例如在研究经济增长速度时，一般得到的是国内生产总值，但研究者对增长速度更感兴趣，这就需要首先拟合出总值函数，然后通过求一阶导数得到经济增长速度曲线；在金融数据分析中，因有些金融变量之间的关系理论上可用微分方程来描述，如金融衍生证券的价格满足布莱克——舒尔斯(Black—Scholes) 微分方程。所以，研究者可用微分方程方法对呈现函数性特征的金融数据进行分析。

一般地讲，一个线性微分算子 L 定义为如下的形式：

$$L=\beta_0 I+\cdots+\beta_{m-1}D^{m-1}+D^m \tag{9.1}$$

于是，微分方程

$$D^m x=-\sum_{j=0}^{m-1}\beta_j(t)D^j x \tag{9.2}$$

可用微分算子表示为 $Lx=0$，并称其为零化的线性微分算子。其中，I 表示单位算子，x 为时间 t 的光滑函数，$t\in T$，$D^j x$ 表示函数 x 的 j 阶导数，β_j 是 D^j 的系数函数。

利用零化的线性微分算子可以分析研究对象的变化模式。例如对于线性增长趋势，可以采用 $D^2x=0$ 来甄别其是否满足线性趋势，即对函数求二阶导数，通过检验分析结果是否为零进行判别；对于指数变化趋势，可以

采用一阶微分算子 $L=-\beta_0 I+D$，并通过考察 Lx 是否等于零判断研究对象是否呈指数增长。因此，我们可以通过 Lx 与零的差异程度衡量 x 的变化偏离相关趋势的程度。例如在研究经济增长时，由于 GDP 一般呈现指数式增长，因此我们可以使用 $Lx=-\beta_0 x+Dx=0$ 并通过估计系数函数 $\beta_0(t)$ 来分析 GDP 增长速度的变化规律。

对于经济问题，我们可以从输入输出（投入 - 产出）的角度探索经济系统的运行规律。若一个连续运行的经济系统的输入为 $f(t)$（称其为驱动函数），其输出为 $x(t)$，则在有些情况下，我们可以用 $Lx=f(t)$ 描述系统的内在变化规律。在不考虑其他因素对输出的影响时有 $f(t)=0$，即 $Lx=0$。

在设定了微分算子 L 或与其对应的微分方程后，需要利用已获的函数性观察数据对方程中的系数函数进行估计，这些系数或由其组合而成的量往往具有特殊的经济意义。设有 N 个函数性观测对象 x_i 及与其相伴随的一族协变量函数 f_i（$i=1,\cdots N$），我们希望通过这两族函数来确定线性微分算子（9.1）或

$$Lx=\beta_0(t)\cdot x+\cdots+\beta_{m-1}(t)\cdot D^{m-1}x+D^m x=f(t) \tag{9.3}$$

在特殊情况下，若考察的系统中不存在驱动函数，即驱动函数 $f(t)=0$（不考虑其他因素对经济系统的影响，仅分析研究对象的自身演变特征），此时我们的目的是在满足 $Lx_i=0(i=1,\cdots N)$ 的条件下，估计 m 个函数性参数 $\beta_j(j=0,\cdots m-1)$，从而得到算子 L。由于希望估计出的算子 L 满足 $Lx_i=0$，故可将函数 Lx_i 看做下式的残差：

$$D^m x_i=-\beta_0(t)\cdot x_i-\cdots-\beta_{m-1}(t)\cdot D^{m-1}x_i,\ i=1,2,\cdots N \tag{9.4}$$

于是，基于残差函数的范数平方和，我们可定义参数函数估计的最小二乘拟合准则如下：

$$SSE(L\mid X)=\sum_{i=1}^{N}\int_T[Lx_i(t)]^2dt=\sum_{i=1}^{N}\|Lx_i\|^2 \tag{9.5}$$

其中 $X=(x_1,x_2,\cdots x_N)'$，$||\cdot||$ 表示范数。

若考察的系统中存在驱动函数 f_i（$i=1,2,\cdots N$），则目标是确定 m 个函数性参数 β_j，使算子 L 尽可能满足 $Lx_i=f_i(t)$，$i=1,2,\cdots N$。此时，（9.5）式描述的最小二乘拟合准则变为

$$SSE(L\mid X,f)=\sum_{i=1}^{N}\int_T[Lx_i(t)-f_i(t)]^2dt=\sum_{i=1}^{N}\|Lx_i-f_i\|^2 \tag{9.6}$$

9.2 微分方程系数函数的估计

基于上述的最小二乘拟合准则，我们可以采用逐点估计（point - wise estimate）方法及共发函数性线性模型（concurrent functional linear model）方法估计微分方程的系数函数 β_j（$j=0,1,\cdots m-1$）。这里假设我们已经利用原始的离散数据估计出了函数及其前 m 阶导数。

9.2.1 逐点最小化法

逐点估计的拟合准则定义为

$$PSSE(t) = \sum_{i=1}^{N} [Lx_i(t) - f_i(t)]^2 = \sum_{i=1}^{N} \left[\sum_{j=0}^{m} \beta_j(t) D^j x_i(t) - f_i(t) \right]^2 \tag{9.7}$$

上式中，$\beta_m(t) \equiv 1$。若将 t 视为定值，则上述准则便是简单的最小二乘准则。

为获得（9.7）式的矩阵表达式，设 $\beta(t)$ 为 $m+1$ 维系数列向量，即

$$\beta(t) = (\beta_0(t), \cdots \beta_{m-1}(t), 1)' \tag{9.8}$$

Z 为 $N \times (m+1)$ 阶逐点估计设计矩阵，其第 i 行元素为

$$Z_i(t) = \{ -x_i(t), \cdots, -D^{m-1} x_i(t), f_i(t) \} \tag{9.9}$$

N 维列向量 y 由 $y_i(t) = D^m x_i(t)$（$i=1,2,\cdots,N$）构成。于是，（9.7）式可用矩阵表达为

$$PSSE(t) = [y(t) - Z(t)\beta(t)]'[y(t) - Z(t)\beta(t)] \tag{9.10}$$

对于固定的 t，最小化 $PSSE(t)$ 可得系数向量 $\beta(t)$ 的估计，即

$$\hat{\beta}(t) = [Z(t)'Z(t)]^{-1} Z(t)'y(t) \tag{9.11}$$

由（9.11）式可知，$\beta(t)$逐点估计值的存在依赖于矩阵 $Z(t)'Z(t)$，即要求对任意的 t，矩阵 $Z(t)'Z(t)$为非退化阵或 $Z(t)$列满秩。

9.2.2 共发函数性线性模型方法

逐点最小化法思路简单易行，但在应用中存在一些问题。第一，在对微分方程求解时，需要知道诸 β_j 在很多格点处的取值，β_j 精确程度的高低依赖于其匀滑程度，而 β_j 是否匀滑取决于导函数 $D^j x_j$ 的匀滑程度。由于我们经常基于修匀方法估计这些导函数，但这种方法并不能保证高阶导函数一定匀滑，所以获取匀滑的 β_j 会很麻烦；第二，β_j 的存在要求 $Z(t)$列满秩，当其不满足时，逐点估计法失效；第三，逐点最小化法要求函数性观测的个数 N 大于逐点估计设计矩阵 Z 的列数 $m+1$，但我们经常需要利用微分方程拟合单个的函数性观测。

为了解决上述问题，减少计算量并得到系数函数 β_j 的匀滑估计，我们可以利用共发函数性线性模型获取方程的近似解。设 $y(t)$为被解释变量（响应）的 N 个函数性观测 $y_1(t), y_2(t), \cdots y_N(t)$构成的列向量，$\varpi(t)$为 q 个协变量 ϖ_j 的 N 次函数性观测构成的 $N\times q$ 阶矩阵，$\mathrm{B}(t)$是由对应每个协变量 ϖ_j 的回归系数函数 B_j（$j=1,2,\cdots q$）构成的 q 维列向量，$\varepsilon(t)$是 N 次观测误差 $\varepsilon_i(t)$构成的 N 维列向量，则共发函数性线性模型可用矩阵表示为

$$y(t)=\varpi(t)\mathrm{B}(t)+\varepsilon(t) \tag{9.12}$$

其样本形式为

$$y_i(t)=\sum_{j=1}^{q}\varpi_{ij}(t)\mathrm{B}_j(t)+\varepsilon_i(t) \quad i=1,2,\cdots N \tag{9.13}$$

其中 $\varpi_{ij}(t)$为变量 ϖ_j 的第 i 次观测。

在共发函数性线性模型中，被解释变量 y 及每一个协变量 ϖ_j（$j=1,2,\cdots q$）都是关于参数 t 的函数，ϖ_j 在同一时刻 t（参数值）只通过 ϖ_j 对 $y(t)$产生影响，即这种影响是共发的、同时的、逐点的。

对于每一个回归系数函数 B_j（$j=1,2,\cdots q$），对其进行基函数展开并利用粗糙惩罚控制其匀滑程度，对于不同的 B_j，基函数和惩罚算子 L_j 可以

不同。若 $\theta_j(t)$ 是由对应 B_j 的 K_j 个基函数 $\theta_{kj}(t)$ 构成的列向量，$b_j(t)$ 是由 K_j 个基函数 $\theta_{kj}(t)$ 前面的系数 b_{kj} 构成的列向量，惩罚项定义为

$$PEN_j(B_j) = \lambda_j \int_T [L_j B_j(t)]^2 dt \tag{9.14}$$

于是回归系数函数的展开式为

$$B_j(t) = \sum_{k=1}^{K_j} b_{kj}\theta_{kj}(t) = \theta_j(t)' b_j(t) \tag{9.15}$$

若令 $K = K_1 + K_2 + \cdots + K_q$，$\Lambda = (b'_1, b'_2, \cdots b'_q)'$，$q \times K$ 阶矩阵 Θ 为

$$\Theta = \begin{pmatrix} \theta_1' & 0 & \cdots & 0 \\ 0 & \theta_2' & \cdots & 0 \\ \vdots & \vdots & \cdots & \vdots \\ 0 & 0 & \cdots & \theta_q' \end{pmatrix} \tag{9.16}$$

则回归系数向量 $B(t)$ 可写为 $B(t) = \Theta(t)\Lambda(t)$。于是，共发函数性线性回归模型的带惩罚的误差平方和（sum of squared errors）

$$LMSSE(B) = \int_T [y(t) - \varpi(t)B(t)]'[y(t) - \varpi(t)B(t)] + \sum_{j=1}^{q} \lambda_j \int_T [L_j B_j(t)]^2 dt \tag{9.17}$$

可被转化为

$$LMSSE(B) = \int_T [y(t) - \varpi(t)\Theta(t)\Lambda(t)]'[y(t) - \varpi(t)\Theta(t)\Lambda(t)] + \sum_{j=1}^{q} \lambda_j \int_T [L_j B_j(t)]^2 dt \tag{9.18}$$

最小化 $LMSSE(B)$，我们便可得到其回归系数函数的估计，具体解法参见 Ramsay 和 Silverman（2006）。

在利用共发函数性线性模型方法估计微分方程的系数函数时，取

$q = m$

$y(t) = D^m x = (D^m x_1, \cdots D^m x_N)'$

$\omega_{ij} = D^j x_i (i = 1, \cdots N, j = 0, \cdots m - 1)$

$\omega_i = (\omega_{i0}, \omega_{i1}, \cdots, \omega_{i(m-1)})$

$\varpi(t)$ 取为由 N 个行向量 ω_i 构成的 $N \times q$ 阶矩阵；$B(t) = \beta(t) = (\beta_0(t), \cdots \beta_{m-1}(t))'$，即取 $B_j = \beta_{j-1} (j = 1, \cdots q)$；$\zeta(t)$ 是由 $D^m x_1, \cdots D^m x_N$ 的随机误差函数构成的 N 维列向量。于是估计微分方程的系数函数的共发线

性模型为

$$D^m x(t) = \varpi(t)\mathrm{B}(t) + \zeta(t) \tag{9.19}$$

将以上结果带入（9.18）式，并最小化 $LMSSE(\mathrm{B})$，便可得到（9.19）式中系数函数 $\beta_0(t),\cdots\beta_{m-1}(t)$ 的估计。

利用共发函数性线性模型估计微分方程的系数，实际上预先假设了导函数 $D^j x_j$ 的估计值是合理的，然后将函数性微分方程转化为普通的函数性线性模型进行分析。已有研究显示，在得到初始微分方程的估计值后对导函数进行再估计是十分必要的，在再估计中我们可使用相应的线性微分算子定义粗糙惩罚。所以，这种方法实质上是一种迭代的方法，具体迭代步骤如下：

第一步，根据原始数据特征，选择与原始数据特征相吻合的初始微分算子，利用算子定义初始惩罚矩阵，同时选择估计实际曲线导数的基函数系统。

第二步，定义初始惩罚矩阵之后，基于数值优化算法利用广义交叉验证（Generalized Cross - Validation）准则选择最优修匀参数 λ。为避免舍入误差，须对其估计的合理上限值进行设置。

第三步，利用上一步得到的参数 λ 对数据拟合进行修匀。

第四步，计算修匀函数的各阶导函数，直到定义的初始算子所需的最高阶数。利用各阶导函数及修匀函数进行回归，得到模型所含参数的估计。

第五步，利用上一步得到的线性微分算子重新定义惩罚矩阵，重复步骤二到步骤四，直到线性微分算子的系数无明显改善为止。

9.3 利用微分方程分析经济增长及其与投资率的关系

本节以经济增长及其与投资率的关系为研究对象，利用函数性数据的微分方程方法，分四个部分进行分析。第一部分研究中国 GDP 自身变化特征，采用1978年到2011年的年度数据，样本区间反映了自中国改革开放以来，经济快速发展的三十多年。在进行分析时所有数据都以1978年为基期，剔除了价格因素影响；第二部分比较了中国31个省市自治区的经济增长；第三部分比较了中国、美国及日本的经济增长的差异，选取了各国1980年到2011年的实际GDP作为分析对象，考虑到汇率变动产生的影响，本文均以各国自己的货币作为单位；第四部分考察了经济增长与投资率之间的关系，选取了1992年至2012年的季度数据，其中投资率=全社会固定资产投资完成额/生产法GDP。所有数据均来源于中国统计局官方网站。

9.3.1 中国经济增长分析

首先对GDP原始数据进行拟合。以各年度为节点，样本区间共有34个节点，采用了5阶B-样条基，基函数个数等于B-样条基函数的最高阶数加上内节点个数，因此选取了37个基函数。为保证拟合函数的导函数曲线的光滑性，粗糙惩罚时选取拟合函数的3阶导数作为惩罚算子，修匀参数 $\lambda=0.0001$。图9-1是经过修匀的GDP拟合曲线。

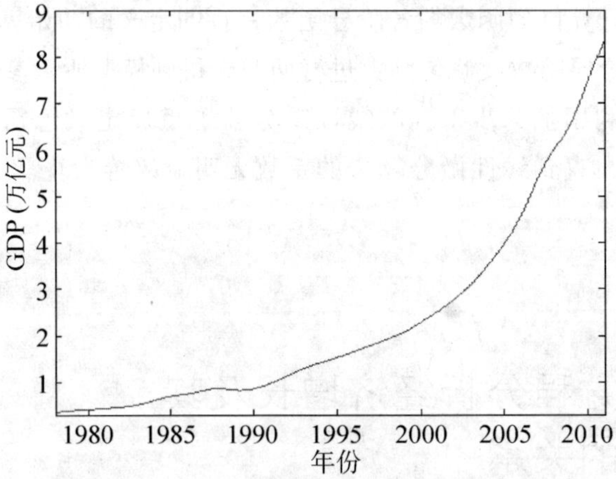

图9-1 GDP拟合曲线图

由图9-1可以看出中国GDP大致呈指数增长趋势，因此本文采用一阶微分算子来刻画GDP的动态变化信息，其具体形式为

$$Lgdp = \beta_0(t) \cdot gdp + Dgdp \tag{9.20}$$

当 $Lgdp=0$ 时，（9.20）式描述了一个呈指数增长的函数应满足的微分方程。利用 MATLAB 编程对 $Lgdp=0$ 求解，可以得到 $\beta_0(t)$ 的估计曲线，由（9.20）式得出的 $-\beta_0(t)$ 描述的是 GDP 增长速度的大小。图 9－2 给出了 $-\beta_0(t)$ 随时间变化的动态特征，图 9－3 是根据国家统计局公布的经济增长速度拟合的经济增长曲线。尽管个别年份速度大小略有不同，但图 9－3 与图 9－2 的走势基本一致，这说明采用式（9.20）对 GDP 自身序列进行分析能够较好地刻画 GDP 增长速度的动态特征。

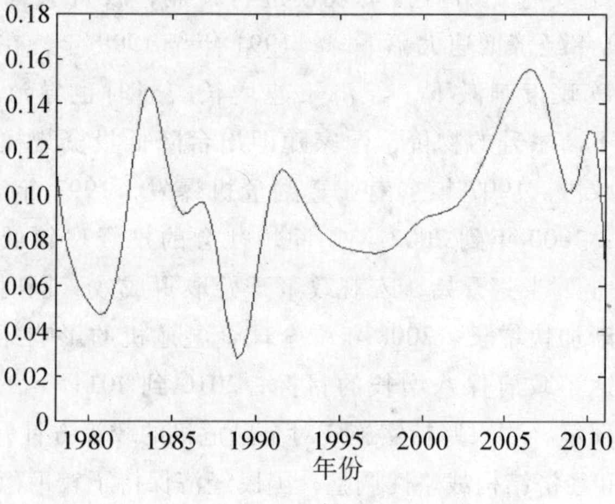

图 9－2　GDP 增长速度的估计曲线（$-\beta_0(t)$）

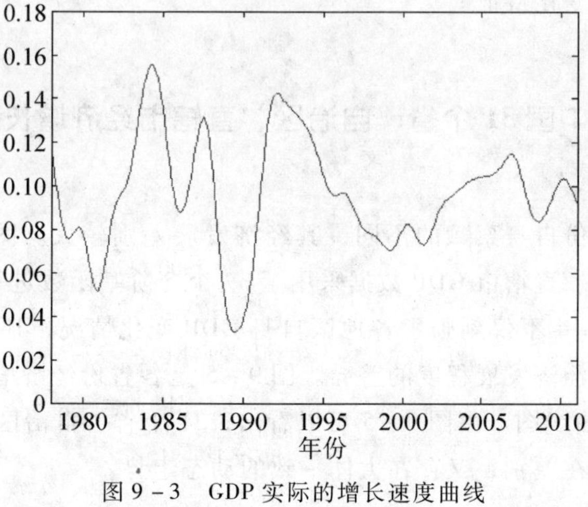

图 9－3　GDP 实际的增长速度曲线

由图 9-2 可以看出，在整个样本区间内，GDP 增长率有所不同。按照增长率的走势大致可将样本区间划分为以下五个阶段：第一阶段从 1978 年到 1981 年，第二阶段从 1981 年到 1990 年，第三阶段从 1991 年到 1999 年，第四阶段从 2000 年到 2009 年，2009 年到 2011 年是最后一个阶段。

1978 年中国经济发展步入一个新阶段，投资迅速增加，推动了经济快速发展，同时也引发了物价上涨。为了抑制物价的上涨，1980 年国家开始对投资规模进行控制，经济增速降低；1982 年至 1990 年，在积极财政政策的作用下，经济快速增长，1984 年高达 15.2%，而通胀也达到改革以来的高峰。1989 年政府开始对投资规模进行控制，投资大幅度下降，导致 1989 年至 1990 年经济增速大幅下降；1991 年至 1999 年，在宽松的货币政策及积极的财政政策刺激下，经济飞速增长，同时也导致了通胀不断加速。为了抑制不断攀升的物价，国家随即出台降低投资规模的政策，经济增长速度有所减慢。1997 年东南亚金融危机爆发，1997 年至 1999 年经济增长速度放缓；2000 年到 2002 年期间，社会的投资率较低，经济增长幅度较小。2002 年下半年开始，宏观政策开始取得成效，同时国内需求不断增长，经济逐渐加快增长。2008 年受全球金融危机的影响经济增速有所回落，但是仍到达了政府保八增长的目标；2010 到 2011 年，面对复杂多变的国内外经济环境，中央坚持实施应对金融危机的政策方针，同时加快转变经济发展方式和经济结构战略性调整，国民经济保持了较平稳地增长速度。

因此，采用（9.20）式描述 GDP 数据，基本捕捉到了 GDP 的动态变化信息及主要变化特征。

9.3.2 中国 31 个省、自治区、直辖市经济增长的差异分析

由于各省份自身禀赋的不同，其经济发展差别较大。图 9-4 是对 31 个省、自治区、直辖市 GDP 数据采用了 37 个 5 阶基函数进行拟合的结果。观察发现图 9-4 不仅刻画了各地区自身 GDP 变化情况，还在一定程度上体现了各省份经济发展程度的差异。图 9-5 是各省份经济增长速度图，即 31 条 $-\beta_0(t)$ 曲线图。由图 9-5 可以看出，31 个省、自治区、直辖市经济增长速度既存在差别，又存在大体一致的动态走势。

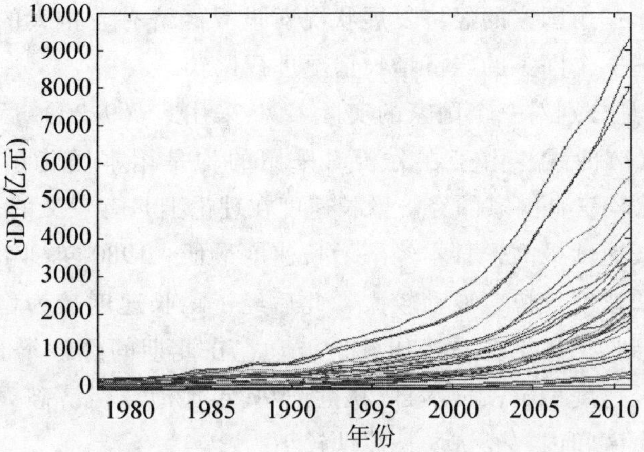

图 9－4　31 个省、自治区、直辖市的 GDP 拟合图

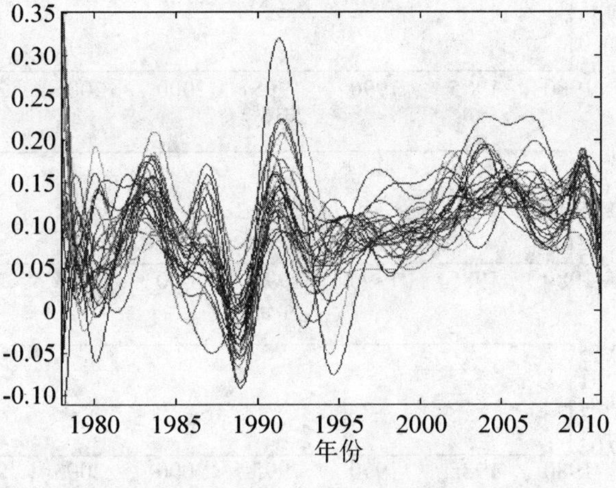

图 9－5　31 个省、自治区、直辖市的 GDP 增长速度曲线（$-\beta_0(t)$）

9.3.3　中国、美国及日本经济增长的比较分析

近年来，中国取代日本成为仅次于美国的第二大贸易国，对世界经济发展有着举足轻重的影响。美国作为世界上第一大经济体，是世界上最大的债务国和贸易逆差国，其经济动向牵动全球经济。日本是当今世界最重要的发达国家之一，虽然经历了十余年的通缩，但其对世界经济有着重要

的影响。由于三个国家的经济发展状况对世界经济有着重大的影响，因此我们选择上述三个国家的经济增长情况进行比较。

图 9-6 是分别对三个国家的实际 GDP 采用式（9.20）后得到的经济增长速度 $\beta_0(t)$ 曲线。由于在分析时采用的均是用本国货币度量的实际 GDP，因此比较三个国家的经济增长速度在理论上是有意义的。总体来看，中国经济增长速度最高，日本经济增长速度最低。1980 年到 1993 年左右，中国经济增长速度较快，波动较大，此后经济增长速度较为稳定；美国经济在 1980 年到 1990 年左右经历几次波动，在此期间经济增长速度较高，此后经济增长速度稳定；日本自 20 世纪 90 年代泡沫经济破灭以后，经济不振，在整个区间内，经济增长波动较小。

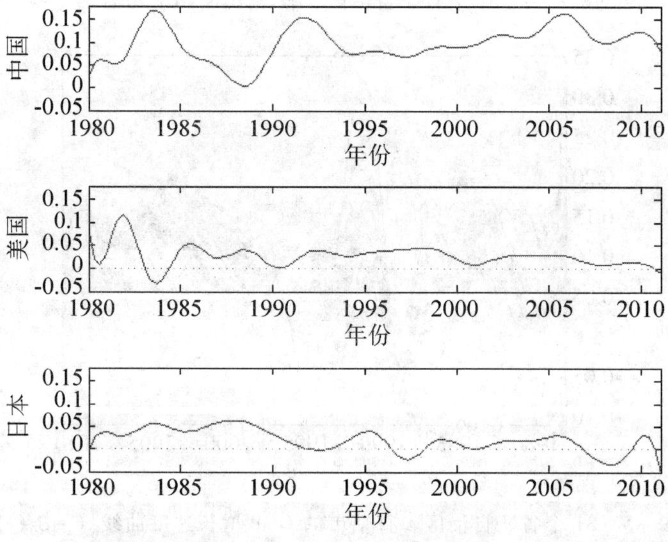

图 9-6　中、美、日三国 GDP 增长速度曲线（$-\beta_0(t)$）

9.3.4　投资率与经济增长的关系

通过初步分析发现，中国投资率与 GDP 之间的相关系数超过 0.8，呈现较强的线性关系。如果将经济增长的其他影响因素作为随机因素纳入模型随机误差项当中，将投资率作为驱动函数，我们建立如下的微分方程

模型

$$Dgdp = -\alpha_0 \cdot gdp - \alpha \cdot tzl + \xi \tag{9.21}$$

其中 gdp 表示 GDP，tzl 代表投资率，ξ 是随机因素。基于 MATLAB 编程，通过对式（9.21）中系数函数的估计，得到了驱动函数的系数函数 α 的曲线，图 9－7 给出了函数 $-\alpha(t)$ 的图像曲线（出于模型（9.21）的设置与前面讨论的方法相一致的考虑，本文在投资率 tzl 的系数前取了负号，为了使 α 的估计函数曲线与 $Dgdp$ 的关系易于展示和解释，本文在实际估计出的 α 值前再次取了负号，即图 9－7 绘制的是 $-\alpha$ 的曲线）。为了清晰展示投资率与实际经济增长速度之间的关系，图 9－8 将 1992 年到 2011 年实际的经济增长速度曲线与 $-\alpha$ 的曲线进行了对比。

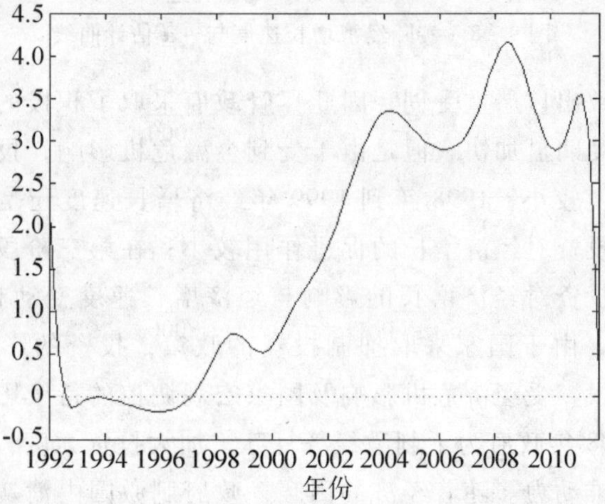

图 9－7　投资率对经济增速的影响（$-\alpha$ 的估计曲线）

α 函数曲线反映了固定资产投资率对经济增长速度的影响程度。由图 9－7 可以看出投资率对经济增长的影响具有阶段性：第一阶段从 1992 年到 1997 年，第二阶段从 1998 年到 2001 年，第三阶段从 2002 年到 2006 年，第四阶段是 2007 年到 2011 年。

在第一阶段，中央决定实现“价格闯关”，使物价迅速上涨，同时预算外投资过度膨胀，引发物价上涨。为了抑制通胀，中央采用了双紧政策抑制投资，致使固定资产投增长率急剧下降，其对经济增长的驱动力有所下降，经济增长速度在这一阶段逐年下降；在第二阶段，1997 年亚洲金融

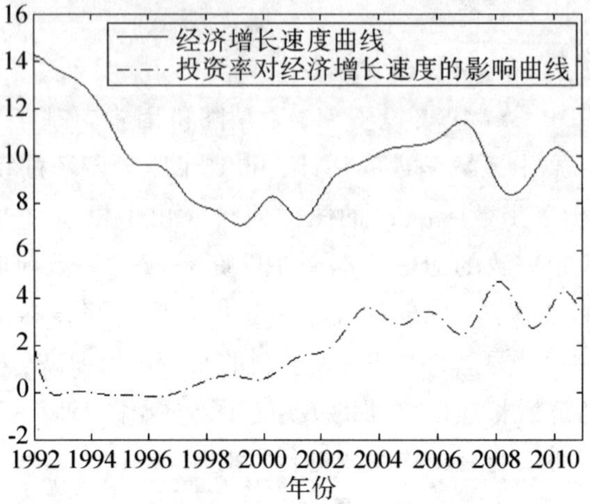

图 9-8 实际经济增长速度与 $-\alpha$ 估计曲线

危机爆发，导致出口严重受创，因此尽管政府采取了积极的财政政策，政府投资增长速度明显加快，但是由于受到金融危机影响，投资对经济增长的影响增加幅度较小，1998 年到 1999 年经济增长速度还是有所下降，因此，这一阶段投资对经济增长的促进作用较小；在第三阶段，经济增长速度逐年增加，投资对经济增长的影响与经济增长速度变动趋势基本一致，除了个别年份，由于国家采取抑制投资的政策，投资的影响略微有所下降；在第四阶段，受经济危机影响及国家宏观调控的持续影响，经济增长持续下滑，2008 年政府为了刺激经济复苏，加大投资力度，投资率成为促进经济的首要推动力。随着经济的回暖，政府刺激国内消费投资的一揽子计划的效果逐渐显现，投资率对经济增长的影响有所减弱，2009 年到 2011 年，经济增长速度开始回升，同时国内投资环境缓和，经济增长速度与投资率影响趋于一致。

第十章

函数性数据的聚类方法与案例分析

在函数性数据分析中，有关函数性数据的修匀、相平面图、函数性主成分分析、函数线性回归模型及函数性数据的微分方程方法的研究文献相对较多。在函数性数据的聚类分析方面，国内外学者也做了不少工作，如Tokushige，Inada 和 Yadohisa（2002）针对函数性数据的相异性给出了度量方法，并结合系统聚类方法对气温数据进行了分析；Hall 和 Heckman（2002）提出了基于 L_2 距离的聚类方法，但这种方法只在曲线具有大致相同的几何形状时才会得到满意的聚类结果；Tarpey 和 Kinateder（2003）从主点的角度讨论了函数性数据的聚类，将无穷维的函数性数据聚类问题转化为有限维数据的聚类问题；Ferreira 和 Hithcock（2009）对函数性数据的分层聚类方法进行了研究，他们对分层聚类法中的四种方法即单连接法、完全连接法、平均连接法和 Ward 方法应用于函数性数据时的优缺点进行了比较，得出了一些有价值的结论；James 和 Sugar（2003）通过建立模型对稀疏函数性样品的聚类问题进行了分析；Peng 和 Müller（2008）基于距离研究了随机过程的稀疏取样聚类问题，并将其方法应用于网上拍卖数据的分析中。中国学者在这方面也做了研究，如曾玉钰和翁金钟（2007）给出了一种基于函数单调区间的聚类方法，这种方法在分析波幅比较小的函数性数据时是一个很好的思路，但在数据波动比较频繁或样本容量较大时，这种方法的适应性值得斟酌；王劼、黄可飞和王惠文（2009）结合傅里叶基函数和主成分分析给出了一种对函数性数据进行聚类的方法，并对多普勒超声造影样本资料进行了分析。

尽管国内外已有不少函数性数据聚类方法的研究文献，但目前鲜有系统概括函数性数据聚类方法的文献。国内学者在这方面的研究刚刚起步，对函数性数据聚类方法进行理论探讨的文献还很少，鉴于此，本章以函数性数据聚类中的关键环节——样品相异（似）性度量为研究主线，首先对函数性数据聚类中度量样品相异性的方法进行归类整合，对特殊函数性数据相异性的度量方法进行推导；其次，对各种方法在应用中的优缺点进行剖析；最后，利用函数性数据的聚类分析方法，对竞买者在同一属性不同价值物品拍卖和不同属性物品拍卖中呈现的出价行为特征进行分析，并通过对我国淘宝网珠宝拍卖数据的分析，探讨中外网上拍卖中竞买者出价行为存在的差异。

10.1
一般函数性数据的相异性度量方法

聚类分析是对研究对象进行归类的一种方法，它是在没有任何先验知识的前提下，完全由样本数据特征出发对研究对象进行分类（组）。聚类既可以对样品或项目进行（称为 Q 型聚类），也可以对变量进行（称为 R 型聚类）。聚类分析的常用方法一般可以分为分层聚类法（系统聚类法，Hierarchical Clustering）、划分方法（一种流行的方法是 k - means 法）等。为了能够从复杂的数据集中得出简单明了的类（组）结构，通常的做法是对研究对象之间的“接近程度”或“相异性”进行度量，然后根据相似性（或相异性）程度对对象进行分组，将相似性程度较高的对象归为一类。

在有限维数据的聚类中，关于对象之间的相似（异）性程度的度量有多种定义方式，具体怎样选择主要依赖数据的类型（离散型、连续型、两值型）、测量的尺度及研究问题的特征。实践中，研究者大多利用距离或相似系数对样品进行聚类，利用相关系数对变量进行聚类。对于函数性数据，由于其具有无穷维特征，因此聚类一般针对样品（项目）进行，而要使用已有的聚类算法进行聚类，首要的工作是对函数性数据之间的相异（似）性程度进行度量。

10.1.1　基于直接距离的函数性数据相异性度量

(1) L_q 距离

如果实际的函数性观察数据为 $\{y_{il}:1\leqslant l\leqslant n_i;\ 1\leqslant i\leqslant N\}$，经过修匀处理后得到的反映数据真实产生过程的函数是 $\{x_i(t):t\in T;1\leqslant i\leqslant N\}$，即

y_{il} ($1 \leqslant l \leqslant n_i, 1 \leqslant i \leqslant N$)是 $x_i(t)$ ($t \in T, 1 \leqslant i \leqslant N$) 在 $t = t_{il}$处的观测值。一般情况下，观测数据往往带有观测误差，因此函数性数据分析依赖的基本统计模型是

$$y_{il} = x_i(t_{il}) + \varepsilon_{il} \qquad 1 \leqslant l \leqslant n_i, 1 \leqslant i \leqslant N \tag{10.1}$$

其中 ε_{il}为第 i 个样品的第 l 次观测的随机误差（一般要求其具有独立性）。

定义两条曲线（函数）的 L_q 距离如下，它可以看做是函数性数据版本下的明考斯基（Minkowski）距离。

$$d(i,j,q) = \left[\int_T |x_i(t) - x_j(t)|^q dt\right]^{1/q} \tag{10.2}$$

显然，当 $q = 1$ 时，

$$d(i,j,1) = \int_T |x_i(t) - x_j(t)| dt \tag{10.3}$$

当 $q = 2$ 时，

$$d(i,j,2) = \left\{\int_T [x_i(t) - x_j(t)]^2 dt\right\}^{1/2} \tag{10.4}$$

当 $q \to \infty$时，可以证明（10.2）式变为

$$d(i,j,\infty) = \sup_T \{|x_i(t) - x_j(t)|\} \tag{10.5}$$

出于与多元数据聚类分析术语一致的考虑，我们称（10.3）式、（10.4）式、（10.5）式分别为函数性数据聚类的绝对值距离、欧氏距离（L_2 距离）和切比雪夫距离。

由于实际获得的函数性数据仅是真实函数在观测时点处的观测值，所以一个直接利用原始观测数据计算距离的想法是考虑使用定积分的数值算法（如梯形法）求上述积分的近似值（MATLAB 上有相应的计算函数），但这种做法在数据含有观测误差时其近似程度会受到影响。另外，当我们面临含有随机观测误差的函数性数据时，利用修匀数据计算距离优于使用原始观测数据（Hitchcock，Booth 和 Casella，2007）。

（2）平方 L_2 距离

在有关函数性数据的聚类文献中，度量两条曲线（函数）相异性合适的方法，使用也最多的是平方欧氏距离或平方 L_2 距离（Ferreira 和 Hithcock ，2009），即

$$d(i,j) = \int_T [x_i(t) - x_j(t)]^2 dt \tag{10.6}$$

研究者之所以钟情于平方 L_2 距离，是因为平方 L_2 距离有优良的性质：一方面 L_2 距离有易于计算的数学特征；另一方面，在使用正交基函数的情况下，L_2 距离就是欧氏距离。

将函数 $x_i(t)$ 和 $x_j(t)$ 用相同的 K 个基函数展开，K 个基函数构成的列向量记为 $\Phi(t)$，$x_i(t)$ 和 $x_j(t)$ 基函数展开式中的系数构成的列向量分别记为 ϕ_i 和 ϕ_j，则平方 L_2 距离为

$$\begin{aligned} d(i,j) &= \int_T [x_i(t) - x_j(t)]^2 dt \\ &= \int_T [\phi_i{}'\Phi(t) - \phi_j{}'\Phi(t)]^2 dt \\ &= \int_T [(\phi_i - \phi_j)'\Phi(t)\Phi(t)'(\phi_i - \phi_j)] dt \\ &= (\phi_i - \phi_j)'[\int_T \Phi(t)\Phi(t)' dt](\phi_i - \phi_j) \end{aligned}$$

若令 $W = \int_T [\Phi(t)\Phi(t)'] dt$，则有

$$d(i,j) = (\phi_i - \phi_j)'W(\phi_i - \phi_j) \tag{10.7}$$

一般情况下，W 可由数值积分求得，而当使用正交基函数时，W 为单位阵，于是 $d(i,j) = (\phi_i - \phi_j)'(\phi_i - \phi_j)$，即两个函数（曲线）之间的平方 L_2 距离就是其基函数展开式系数之间的平方欧氏距离。

10.1.2　基于降维的函数性数据相异性度量方法

(1) 基于模型的相异性度量

这种方法是通过分析数据的生成机制以确定拟合函数性数据的数学模型，然后对模型参数进行估计，最后以得到的模型参数估计值之间的相异性作为函数性数据相异性的度量。常见的模型形式有 ARMA 模型、ARIMA 模型（Piccolo, 1990）等。基于模型的函数样品相异性的度量方法属于基于函数曲线数值特征的方法，该方法在应用中假定数据具有相同的结构形式，其具体的应用过程如下：

第一步，确定拟合函数性数据的数学模型。例如，若函数性数据 $x_i(t)$

具有 AR (p)模型形式，则

$$x_i(t)=\varphi_{i1}x_i(t-1)+\varphi_{i2}x_i(t-2)+\cdots+\varphi_{ip}x_i(t-p)+\alpha_{it} \tag{10.8}$$

其中 $i=1,2,\cdots,N$，α_{it}为随机误差项。

第二步，采用合适的方法估计模型中的参数，并用向量表示。如在 AR (p)模型中，若参数 φ_{i1}，φ_{i2}，…，φ_{ip} 的估计分别为$\hat{\varphi}_{i1}$，$\hat{\varphi}_{i2}$，…，$\hat{\varphi}_{ip}$，则参数估计向量表示为$\hat{\phi}_i=(\hat{\varphi}_{i1},\cdots,\hat{\varphi}_{ip})'$，$i=1,2,\cdots,N$。

第三步，以参数估计向量$\hat{\phi}_i$为聚类对象，采用多元数据聚类分析中合适的距离公式和聚类算法对此进行聚类，此时函数性数据的聚类分析转化为普通多元数据的聚类分析。

基于模型的函数性数据相异性度量方法中的一个常用方法是基于基函数展开的方法。因为基于具体模型的相异性度量一般要分析数据的生成机制，只有数据的生成过程服从某种具体的数学模型，才可基于该模型参数的估计对样品的相异性进行刻画。然而，通常情况下数据的生成过程不够明确，因此函数性数据的具体拟合模型难以确定，此时可以考虑运用基于基函数展开的方法。如果观察到的函数性数据具有周期性特征，则可以考虑使用傅里叶（Fourier）基函数，对于非周期性数据可应用 B 样条（B－Spline）基函数或者多项式基函数等。

设 $y_1(t),y_2(t),\cdots,y_N(t)$为具有函数性响应的样本，$t\in T$。在许多应用中，仅在有限多个时点上对函数进行观测，对函数的估计可利用如下的回归模型获得：

$$y_i=Xb_i+\varepsilon_i \tag{10.9}$$

其中，$y_i=(y_i(t_{i1})+\varepsilon_{i1},y_i(t_{i2})+\varepsilon_{i2},\cdots,y_i(t_{in_i})+\varepsilon_{in_i})'$，$\varepsilon_i$ 是随机误差构成的向量，b_i 是第 i 个函数的回归系数构成的 K 维列向量，X 是设计矩阵，可通过选择表示函数的基函数来确定。利用最小二乘法可得到回归系数 b_i 的估计$\hat{b}_i$，即

$$\hat{b}_i=(X'X)^{-1}X'y_i \tag{10.10}$$

于是，N 个函数性响应的样本被转化为 N 个 K 维向量$\hat{b}_i$（$i=1,2,\cdots,N$），因而对 N 个函数性样品的聚类变为普通的多元数据的聚类问题（Tarpey，2007）。

由以上分析可知，采用基函数展开的函数性数据相异性度量方法实际

上是用基函数展开式的系数向量代替原函数，用系数向量定义的距离作为原函数（曲线）的距离，从而将无限维空间中数据的聚类问题转化到有限维空间中进行。基于基函数展开的函数性数据聚类方法主要分为两步：第一步是将原始观测数据用某种基函数展开，得到系数向量；第二步是采用合适的距离度量相异性程度，然后再选择合适的聚类算法对系数向量进行聚类。

（2）基于主成分的相异性度量

基于模型的函数性数据相异性度量方法虽然可以解决函数性数据的无穷维灾难问题，但方法本身依赖于数据的内在结构，且此内在结构可用数学模型表示。实际应用中，如果研究者对函数性数据的产生过程缺乏先验知识，对数据遵循的数学规律缺乏了解，则可以考虑直接采用降维技术，即考虑使用函数性主成分分析方法。

设有样本容量为 N 的函数性数据 $x_i(t)$，其中 $i=1,2,\cdots,N$，$t\in T$，第 k 个主成分的权函数记为 $g_k(t)$。对于第 i 个样品，其第一主成分得分为 $z_{i1}=\int_T g_1(t)x_i(t)dt$，第 k 主成分得分为 $z_{ik}=\int_T g_k(t)x_i(t)dt$。

通过求解函数性主成分的数学模型便可得到主成分的权重函数及其贡献率，根据累积贡献率的大小（通常 85% 以上）选择主成分的个数 K。于是，每一个样品 $x_i(t)$（$i=1,2,\cdots,N$）对应着 K 个主成分得分（z_{i1}，z_{i2}，$\cdots$，z_{iK}）。实际应用中，由于主成分得分 $z_{ik}=\int_T g_k(t)x_i(t)dt$，因此可利用定积分的数值解法（如梯形法则等）计算 z_{ik}，但在数据稀疏的情况下这种方法带来的计算误差相对较大。

通过函数性主成分分析对函数性数据进行聚类，实际是将无穷维空间的问题转化到有限维空间来解决，然后在有限维空间对数据施行聚类算法，具体的聚类步骤如下：

第一步，将观测到的离散数据转换成函数性数据。通过基函数或者固有的模型对离散数据进行拟合并进行光滑处理，并对每个函数性数据进行中心化处理，最后得到中心化处理后的 N 组函数性数据。

第二步，求解累积贡献率达到 85% 以上的前 K 个主成分。

第三步，利用公式 $z_{ik}=\int_T g_k(t)x_i(t)dt$（$i=1,2,\cdots,N$；$k=1,2,\cdots K$）

计算主成分得分。

第四步，对这 N 组数据 z_{ik}（$i=1,2,\cdots,N$；$k=1,2,\cdots K$）选择多元数据聚类分析中的相异性度量方法和聚类算法进行聚类。

10.1.3 基于函数曲线极值点的相异性度量

在函数性数据聚类中，样品（个体）对应的函数曲线或数据产生过程的时间轨迹一般并不具有较相似的几何结构，有些情况下样品可能变化剧烈、多样（如股票的收盘价格），对于这种形式的函数性数据用直接定义距离的方法（如 L_2 距离）刻画样品之间的相异程度，往往不能反映函数性数据内在的本质结构，从而导致聚类结果不够理想。鉴于此，一些学者基于函数曲线的极值点特征提出了度量样品之间相异程度的方法。

(1) 基于极值点符号序列的方法

这种度量函数性数据相异程度的方法是根据函数曲线局部极值点的排列顺序对函数曲线之间相似性进行度量（Ingrassia，Cerioli 和 Corbellini，2003）。

设定义在 T 上的具有连续一阶导数的函数 $x(t)$ 有 k 个局部极值点，根据局部极值点是极大值点还是极小值点定义符号变量 h_i（$i=1,2,\cdots,k$）：当局部极值点是极大值点时，$h_i=1$；当局部极值点是极小值点时，$h_i=-1$。令 $H(x)=\{h_1, h_2, \cdots, h_k\}$，并用 $|H(x)|$ 表示函数 $x(t)$ 的局部极值点的个数，即 $|H(x)|=k$。这种对函数 $x(t)$ 的极值点序列的符号描述称为 $x(t)$ 的标志描述，国内有些文献称其为里程碑描述。

对于函数 $x_i(t)$ 和 $x_j(t)$，若 $x_i(t)=x_j(t)$，则 $H(x_i)=H(x_j)$；若 $x_i(t)\neq x_j(t)$，但 $H(x_i)=H(x_j)$，则称函数 $x_i(t)$ 与 $x_j(t)$ 为 H 等价。如果用 $|H(x_i)\cap H(x_j)|$ 表示 $H(x_i)$ 和 $H(x_j)$ 最大的公共子集的长度，则 $|H(x_i)\cap H(x_j)|$ 的取值情况如下：

若 $H(x_i)=\phi$ 或 $H(x_j)=\phi$，则 $|H(x_i)\cap H(x_j)|=0$；

若 $H(x_i)=H(x_j)$，则 $|H(x_i)\cap H(x_j)|=|H(x_i)|$；

若 $H(x_i)\neq H(x_j)$，但 $|H(x_i)|=|H(x_j)|\geqslant 1$，则 $|H(x_i)\cap H(x_j)|=$

$|H(x_i)|-1$；

在其他情况下，$|H(x_i)\cap H(x_j)| = \min\{|H(x_i)|, |H(x_j)|\}$。

基于以上分析，定义函数 $x_i(t)$ 与 $x_j(t)$ 之间的距离为

$$d_H(x_i, x_j) = |H(x_i)| + |H(x_j)| - 2|H(x_i)\cap H(x_j)| \tag{10.11}$$

可以证明上面的距离公式满足非负性、对称性和三角不等式。

（2）基于极值点时间的方法

上述基于符号的距离定义方法仅根据函数极大、极小值点的排列顺序对函数曲线的差异情况进行分析，没有考虑极值点的时间特征，Cerioli，Laurini 和 Corbellini（2005）对该方法进行了拓展。

考虑函数性数据分析的基本统计模型（10.1），通过修匀方法可求出拟合数据的匀滑函数 $x_i(t)$，如可对观测数据序列 $\{y_{il}:1\leqslant l\leqslant n_i\}$ 用带惩罚的最小二乘准则估计 $x_i(t)$，即

$$\min \sum_{j=1}^{n_i}[y_{ij}-x_i(t_{ij})]^2+\lambda\int_T[D^p x_i(t)]^2dt$$

其中 λ 为修匀参数，用以控制函数的光滑程度；$D^p x_i(t)$ 表示函数 $x_i(t)$ 的 p 阶导数。为使 $x_i(t)$ 的估计具有光滑的一、二阶导数，通常选择阶数大于 4 的 B－spline。

在得到了 $x_i(t)$ 的估计函数后（在不引起混淆的情况下，依然将估计函数记为 $x_i(t)$），求 $x_i(t)$ 的一阶导数，并确定 $x_i(t)$ 的极值点。由于一般的函数性数据带有随机误差，因此可能得到伪极值（spurious extrema），即它使 $x_i(t)$ 的一阶导数为 0，但其并不是极值点，而是因数据误差所致。Cerioli，Laurini 和 Corbellini（2005）对这个问题给出了一种基于置信区间的解决办法，本文不再赘述。

为了利用极值点提供的信息定义距离，将函数 $x_i(t)$ 取极大值的时间点集合记为 $T_i=\{t_1^{(i)},\cdots,t_{m_i}^{(i)}\}$（出于简化叙述的考虑，本文在此仅考虑了极大值点，极小值点的情况与以下分析类似）。对于初始点的界定，如果在第一个观测时点 t_{i1} 之后，函数 $x_i(t)$ 曲线是下降的，那么设定 $t_1^{(i)}=t_{i1}$；如果在最后一个观测时点 $t_{i\,n_i}$ 之前，函数 $x_i(t)$ 曲线是上升的，那么设定 $t_{m_i}^{(i)}=t_{i\,n_i}$。于是，不管函数曲线形状如何，集合 T_i 不是空集。记 $t_{*k}^{(j)}$ 为 T_j 中距离 $t_k^{(i)}$ 最近的元素，即

$$t_{*k}^{(j)} = \{ t_{k'}^{(j)} : | t_k^{(i)} - t_{k'}^{(j)} | = \min \},\ k = 1, 2, \cdots m_i$$

据此定义 $x_i(t)$ 到 $x_j(t)$ 的距离为

$$d_{ij} = \sum_{k=1}^{m_i} \frac{| t_k^{(i)} - t_{*k}^{(j)} |}{m_i} \qquad i,j = 1, \cdots, N$$

由于上面定义的距离具有方向性，即 $x_i(t)$ 到 $x_j(t)$ 的距离与 $x_j(t)$ 到 $x_i(t)$ 的距离不相等，故对上式进行修正，得到如下测度函数曲线相异性的距离公式

$$d(i,j) = (d_{ij} + d_{ji})/2 \qquad i,j = 1, \cdots, N \tag{10.12}$$

很明显，这种基于函数曲线形状度量函数数据相异性的方法虽然考虑了极值点的时间属性，但并没有考虑曲线的规模水平。实际中具有相似形状的函数在取值水平（函数的幅变化）上往往存在显著的差异，如不同国家或地区的 GDP、气候类似地区各年的耗电量等，如果简单的采用基于极值点时间的距离度量曲线之间的相异性，则可能会将所有的曲线聚成一类，这显然不合实际。因此，最好的办法是将反映函数波幅程度的量引入距离公式，如 L_2 距离等。

10.2 特殊函数性数据的相异性度量方法

10.2.1 稀疏不规则数据的相异性度量

实践中，研究者往往会遇到稀疏不规则观测数据，这些数据尤见于纵列数据和网上拍卖产生的数据集中。尽管前文已给出了多种测度函数性数据相异性的方法，但这些方法，特别是距离测度方法一般要求数据的产生过程具有连续性，或者说获得的数据对过程路径具有连续观察的形式，因此稀疏不规则观察数据会对距离计算带来困难。Peng 和 Müller（2008）给

出了度量此类函数性数据相异性的距离方法。

假设（10.1）式中$\{\varepsilon_{il}\} i.i.d$，均值为0，方差为$\sigma^2$。$x_i(t)$（$i=1,2,\cdots,N$）可以看做是随机过程$\{x(t),t\in T\}$的$N$次实现，即$N$个样本路径。假设函数$x(t)$平方可积，则存在正半定核$C(\cdot,\cdot)$满足$Cov(x(s),x(t))=C(s,t)$。于是，利用核$C(\cdot,\cdot)$的特征函数可将$x_i(t)$表示如下：

$$x_i(t) = \mu(t) + \sum_{k=1}^{\infty} \eta_{ik}\psi_k(t) \tag{10.13}$$

其中$\mu(t)$为$x(t)$的均值函数，对每个i随机变量$\{\eta_{ik},k\geqslant 1\}$的均值为0，方差为$\lambda_k$，且不相关；$\lambda_1\geqslant\lambda_2\geqslant\cdots\geqslant 0$是核$C(\cdot,\cdot)$的特征根，满足$\sum_{k=1}^{\infty}\lambda_k<\infty$；$\psi(\cdot)$为相应的正交特征函数。

在模型$y_{il}=x_i(t_{il})+\varepsilon_{il}$（$1\leqslant l\leqslant n_i,1\leqslant i\leqslant N$）中，假设$\{t_{il}:1\leqslant l\leqslant n_i,1\leqslant i\leqslant N\}$是密度函数为$g$（定义在$T$上，可能未知）的分布的随机抽样。此处，$n_i$通常很小，即观察数据由随机过程的稀有带噪音的实现构成。对这种类型数据的相异性可采用基于观察时点$\{t_{il}:1\leqslant l\leqslant n_i,1\leqslant i\leqslant N\}$及其个数$\{n_i:1\leqslant i\leqslant N\}$的条件$L_2$距离进行度量。令

$$D(i,j) = \{\int_T [x_i(t)-x_j(t)]^2 dt\}^{1/2}$$

在观察时点$\{t_{il}:1\leqslant l\leqslant n_i,1\leqslant i\leqslant N\}$稀疏且不规则的情况下，上式难以计算。设$Y_i=(y_{i1},y_{i2},\cdots,y_{in_i})'$，$Y_j=(y_{j1},y_{j2},\cdots,y_{jn_j})'$，在$Y_i$和$Y_j$已知的情况下，定义

$$\tilde{D}(i,j)=\{E[D(i,j)^2 \mid Y_i,Y_j]\}^{1/2},\ 1\leqslant i,j\leqslant N$$

可以证明$\tilde{D}(i,j)$满足距离的条件。将（10.13）式代入上式得

$$\tilde{D}(i,j)^2 = E\{\sum_{k=1}^{\infty}(\eta_{ik}-\eta_{jk})^2 \mid Y_i,Y_j\}$$

对任意的正整数m，$\tilde{D}(i,j)$有如下的截断形式

$$\begin{aligned}\tilde{D}^{(m)}(i,j) &= E\{\sum_{k=1}^{m}(\eta_{ik}-\eta_{jk})^2 \mid Y_i,Y_j\}^{1/2}\\ &= \{\sum_{k=1}^{m} Var(\eta_{ik}\mid Y_i)+Var(\eta_{jk}\mid Y_j)+[E(\eta_{ik}\mid Y_i)-E(\eta_{jk}\mid Y_j)]^2\}^{1/2}\end{aligned}$$

于是有

$$E[\tilde{D}^{(m)}(i,j)^2] = \sum_{k=1}^{m} 2\lambda_k = E[D^{(m)}(i,j)^2]$$

即$\widetilde{D}^{(m)}(i,j)^2$是相应的平方$L_2$距离的无偏估计量。Peng 和 Müller（2008）进一步求出了$\widetilde{D}^{(m)}(i,j)$的估计$\hat{D}^{(m)}(i,j)$，并证明了

$$\lim_{m\to\infty}\lim_{n\to\infty}\hat{D}^{(m)}(i,j)\overset{P}{=}\widetilde{D}(i,j)$$

即$\hat{D}^{(m)}(i,j)$是目标距离$\widetilde{D}(i,j)$的一致估计。

10.2.2 空间相关函数性数据的相异性度量

函数性数据聚类分析文献所探讨的聚类技术大多针对独立函数样本，而实际中许多领域的研究者越来越对相关函数性数据（correlated functional data）感兴趣。空间相关函数性数据（spatially correlated functional data）是指函数样品在一个区域中不同位置点处的观察，地质统计中常会遇到这种类型的数据。

设$\{X_s(t):s\in D\subset R^d,t\in[a,b]\subset R\}$是平稳的函数随机过程，$X_1(t)$，$X_2(t)$，…，$X_N(t)$是随机过程在$N$个位置上的观察，这$N$个位置的坐标分别为$x_1$，$x_2$，…，$x_N$。假设$X_1(t)$，$X_2(t)$，…，$X_N(t)$在$[a,b]$上平方可积，定义变异函数$\gamma(h)$如下

$$\gamma(h)=\frac{1}{2}E\left\{\int_{[a,b]}[X_i(t)-X_j(t)]^2dt\right\} \tag{10.14}$$

其中$h=||x_i-x_j||$。利用矩估计法可求得$\gamma(h)$的估计为

$$\hat{\gamma}(h)=\frac{1}{2|N(h)|}\sum_{i,j\in N(h)}\int_{[a,b]}[X_i(t)-X_j(t)]^2dt$$

其中$N(h)=\{(x_i,x_j):||x_i-x_j||=h\}$，$|N(h)|$是$N(h)$中不同元素的个数。在得到了变异函数$\gamma(h)$的估计后，定义样品之间的相异性如下

$$d_{ij}=\sqrt{d(i,j)\hat{\gamma}(h)}$$

其中$d(i,j)$的定义见（10.7）式。

10.3
函数性数据相异性度量方法的优劣分析

本章10.1和10.2对函数性数据聚类时度量样品相异性的直接距离法、降维法和曲线极值点法进行了较为系统地论述，对特殊函数性数据的相异性度量方法进行了推导说明。这么多种度量方法研究者在具体应用中如何选择？因此，有必要对函数性数据相异性度量方法的优缺点进行剖析。

基于直接距离的函数性数据（样品）相异性的度量方法，特别是 L_2 距离，在实际中应用最为广泛，其优点是易于与分析多元数据的分层聚类法（系统聚类法）、k - means 等常用算法衔接，一般不会带来计算方面的困难。另外，直接距离度量相异性的方法能够充分利用观测数据的信息，充分挖掘数据之间的绝对变化信息。但在具体的函数性数据聚类应用中须注意两个问题，一个问题是采用直接距离方法度量函数性数据（样品）的相异性应与具体的聚类方法相结合，存在着聚类算法的选择问题。Ferreira 和 Hithcock（2009）通过对函数性数据四种分层聚类方法（单链接法、完全链接法、平均链接法和 Ward 法）的应用比较发现，Ward 法的聚类结果最好，在数据呈现周期性趋势时聚类效果更佳，其次是平均链接法；另一个须注意的问题是数据的修匀处理。同样的距离度量，同样的聚类算法，聚类结果会受数据是否修匀及修匀程度的影响。Hithcock ，Booth 和 Casella（2007）利用 L_2 距离和 k - medoids 对函数性数据的聚类结果受数据是否修匀的影响进行了分析，他们通过对模拟数据和两组实测数据的分析，发现事先修匀的数据其聚类结果优于原始数据的聚类结果。因此，在对函数性数据进行聚类时，他们建议对数据进行修匀处理，在选择非分层聚类法时更应如此，类似结论也见于 Tarpey（2007）的研究结果。

尽管函数性数据相异性的直接距离度量有应用广泛和易于计算的优点，但其缺陷也显而易见。相异性的直接距离度量方法本质上是基于函数性数据的数量特征的方法，是从函数绝对数值变化的角度进行分析，因而容易受到量纲的影响；另外，相异性的直接距离度量方法的应用要求函数曲线有大致相似的几何形状，其定义对样本数据交互穿插、变化频繁的信息缺乏考虑，也就是说这种方法考虑了函数性数据（曲线）的幅变化（垂直方向的变化），而没有充分考虑其相变化（水平方向的变化）。

在通过降维对函数性数据相异性进行度量的方法中，基于模型的函数性数据相异性度量方法属于基于函数性数据曲线数值特征的方法，这种方法能够充分利用研究对象变化的数学规律信息，与采用直接距离的相异性度量方法相比该方法的针对性强。例如，对于一般的时间序列数据可考虑结合 ARMA 模型或 ARIMA 模型等进行分析，对上网者的网站浏览模式进行聚类可结合 Markov 模型进行。尽管基于模型的相异性度量方法具有以上优点，但从另一个角度来看有时却成为该方法的缺陷。如果实际应用中对数据的产生规律缺乏了解，则该方法的应用就会受到限制。其次，基于模型的相异性度量方法在应用中假定数据具有相同的数学结构。因此，在函数性数据聚类实践中，使用基于模型的相异性度量方法应对研究领域的知识有所了解，对来源于该领域数据的特征（如是否具有周期特点）、相应的拟合模型及其参数估计熟悉掌握。

基于主成分的函数性数据相异性度量方法实际是将无穷维空间的问题转化到有限维空间来解决，然后通过在有限维空间对数据施行聚类算法达到对函数性数据聚类的目的，因此该方法能够简化计算，节省计算成本，对处理高维数据，特别是高频数据尤其有效。但因主成分只是对原始数据的综合，其代表性主成分对原始数据信息的提取存在误差，因此在实际应用这种相异性度量方法时应该与其他方法进行比较，以免出现不合理的聚类结果。

基于函数曲线极值点的方法充分考虑了样本曲线的几何形态，对函数曲线或数据产生过程的时间轨迹变化剧烈、多样的函数性数据非常有用。如在股票价格的分析中，开盘价、收盘价、最高价和最低价被认为是几个比较重要的价格信息，所以价格曲线的局部极值点对投资者分析不同股票价格的演变规律有重要的参考价值。但这种基于函数曲线形状度量函数性数据相异性的方法没有考虑曲线的规模水平，如果简单地使用该方法，有时可能会将垂直距离差异较大的曲线聚成一类，得到不合实际的聚类结果。因此，最好的办法是根据观测数据的结构特征考虑将其与反映函数曲线幅度变化的方法（如 L_2 距离等）结合使用。

需要说明的是，对于特殊函数性数据（稀疏不规则数据和空间相关数据）的相异性进行度量时不能简单地使用既有的度量方法，应该结合数据自身特有的结构选择或创建合适的相异性度量方法，否则聚类结果可能难以解释。

综上所述，目前还没有哪种方法整体上明显优于其他方法，不同的距离定义方式在应用中既有优越的一面，同时也存在某些缺陷，研究者在实际应用中要结合数据的具体结构特征灵活选择。同时，度量函数性数据相异性的方法应与具体的聚类算法及函数性数据的修匀方法相结合，才能得到富有解释力的聚类结果。

10.4 网上拍卖竞买者出价行为的函数性聚类分析

10.4.1 研究背景

在网上拍卖问题的研究中，有关竞买者出价行为一直是一个热点，它对研究网上拍卖市场中的供求关系、拍卖价格特征、拍卖价格的实时预测以及出价时间与拍卖网站服务绩效的关系等具有重要的作用。经过实证研究，一些学者发现网上拍卖中竞买者的出价来到过程呈现两个特征，即出价来到过程呈现阶段性及出价时间分布具有自相似性。另一些学者发现在网上拍卖中存在最终期限效应和早期效应，如 Bajari 和 Hortacsu（2004）、Borle，Boatwright 和 Kandance（2006）、Roth 和 Ockenfels（2002）、Wilcox（2000）等均发现有部分出价发生在拍卖的最后时刻。这些研究都是从出价来到时间的角度进行的，所使用的分析方法也是简单的传统统计分析方法，如直方图、经验分布函数等。

尽管国际上有学者考虑了竞买者出价数据的具体特征，并利用函数性数据分析方法从竞买者出价水平的角度对竞买者的出价行为进行了分析（Wang，Jank 和 Shmueli，2008），但其研究存在两个缺陷，一个缺陷是分析的对象不是竞买者的原始出价水平，导致分析结果对竞买者出价行为的解释不够直接，另一个缺陷是文中分析的样本拍卖类别过少，因此所得结论是否反映了网上拍卖竞买者出价行为的一般特征值得商榷。另外，对竞买者出价水平在不同属性、不同价值的物品拍卖中呈现的典型代表性模式尚未考虑。

鉴于此，本节利用函数性数据聚类分析方法，对从 eBay 网站收集到的 26 类 7 天期物品拍卖中竞买者的出价数据进行分析，对竞买者在同一属性不同价值物品拍卖和不同属性物品拍卖中呈现的出价行为特征进行研究，并通过对中国淘宝网珠宝拍卖数据的分析，探讨中外网上拍卖中竞买者出价行为存在的差异。

10.4.2 样本选择与数据的收集整理

为了使分析中涉及的样本拍卖类别能够反映网上拍卖市场的整体结构，从而对网上拍卖中竞买者的出价行为做出客观、可信地分析，现就样本选择说明如下：

第一，拍卖类别的选择。根据拍卖网站存储的已结束拍卖的实际情况尽可能地多选，其目的是最大限度地体现当时网上拍卖物品的类别结构。

第二，拍卖的期限。由于 eBay 网上拍卖中拍卖的期限（即拍卖持续的时间）一般有 1 天、3 天、5 天、7 天、10 天、14 天等之分，但多数物品的拍卖期限是 7 天，其历史资料较之其他拍卖期限的历史资料易于获取，因此本节选择的拍卖均是 7 天期拍卖。

第三，拍卖的起拍价。由于起拍价对竞买者出价水平的动态性会产生影响，因此不同起拍价的物品拍卖中竞买者呈现的出价行为差异有可能与起拍价的高低有关，又网上拍卖中卖家为吸引买家竞标，往往为拍卖设定较低的起拍价。为剔除起拍价的影响，本节考虑的拍卖其起拍价均小于

$ 10。

第四，拍卖物品的属性差异和同质性。网上拍卖网站对拍卖物品按大类分类，每一大类中又包含若干子类，一般来说，分类越粗拍卖物品的属性差异越大，物品的同质性越差。拍卖物品的同质性是否会对竞买者的出价行为产生影响，目前尚未见相关实证研究文献讨论。因此，在选择拍卖物品类时，既要考虑拍卖物品的属性，还要考虑相同属性物品的同质程度。

基于以上考虑，我们从 eBay 上收集了具有代表性的 26 类 7 天期拍卖的真实历史资料。网站上拍卖品的历史资料以网页的形式呈现，因此数据的获取需要经过网页采集、信息抽取及出价时间换算（换算为以天为单位的数据）三步。从 eBay 网站收集到的拍卖共 2319 个，总计出价 50964 次（见表 10－1）。在表 10－1 中，后三行所列的 6 类拍卖物品（纯手机、照相机镜片、男装、雕刻、儿童书籍、勋章）为同质程度较高的物品拍卖类。

与国外拍卖网站相比，中国拍卖网站起步较晚，在经验积累、拍卖品数量、竞买者参与性等方面存在着较大差距。根据中国互联网络信息中心（CNNIC）历年发布的中国网络购物市场研究报告，淘宝网是中国目前最有影响力的 C2C 购物网站，在中国主要的 C2C 购物网站市场中处于一家独大的格局。因此，我们选择淘宝网作为中国 C2C 拍卖网站的代表，并拟通过对该网站竞买者出价行为的分析，探讨中外网上拍卖中竞买者出价行为存在的差异。经过对淘宝网站刊登的拍卖物品的游览比较，从该网站收集到了珠宝类 7 天期拍卖 491 个，总计出价 10602 次（与 5.3.4 使用的数据相同）。

10.4.3　函数性数据聚类方法选择

本章 10.1 已经说明目前文献中度量函数性数据相异性的主要方法大致可以归结为三类，即直接距离法、降维法和曲线极值点法，且在实践应用中目前还没有哪种方法整体上明显优于其他方法，不同的相异性度量方式在应用中既有优越的一面，同时也存在某些缺陷。

表 10－1　　eBay26 类 7 天期拍卖的样本选择情况

拍卖类别	拍卖个数（出价次数）	拍卖类别	拍卖个数（出价次数）
古董	104（2295）	健康与美容	103（2657）
手机与 PDA	24（798）	艺术	13（313）
相片	53（1245）	园艺	24（682）
硬币	203（3972）	傢私	53（1105）
纸币	139（2611）	乐器	46（1045）
珠宝	72（1689）	瓷器与玻璃器具	54（1156）
手表	99（2216）	运动品	36（761）
儿童用品	41（942）	邮票	47（1219）
书籍	39（679）	工艺品	21（491）
服装与鞋	106（3002）	收藏品	19（448）
纯手机	163（5011）	雕刻	353（6878）
照相机镜片	121（3115）	儿童书籍	129（2369）
男装	104（1069）	勋章	153（3196）

注：资料来源：由 eBay26 个拍卖类的出价数据整理而得。

基于直接距离的函数性数据（样品）相异性的度量方法，特别是 L_2 距离，虽易于与分析多元数据的系统聚类法、k－means 等常用算法衔接，但实际计算距离时须使用定积分的数值算法。网上拍卖竞买者出价数据由于具有不等间隔分布特征，因此利用数值算法计算距离未充分考虑出价水平函数的具体特征，从而影响聚类结果。另外，聚类结果会受数据是否修匀及修匀程度的影响。

基于函数曲线极值点的方法充分考虑了样本曲线变动的极值特征，对函数曲线或数据产生过程的时间轨迹变化剧烈、多样的函数性数据非常有用。但是，网上 C2C 拍卖多采用增价拍卖（英式拍卖，English auction），且网站对竞买者出价设置有加价规则并提供自动代理出价系统，因而导致竞买者的代理出价金额随拍卖的进行单调递增。因此，采用函数曲线极值点的方法对不同拍卖中竞买者出价水平的函数曲线之间的相异性进行度量显然不合理。

通过降维对函数性数据相异性进行度量有两种方法，一种是基于具体模型的方法（如ARMA模型或ARIMA模型等），另一种是基于主成分的方法。这两种方法虽然可以将无穷维空间的问题转化到有限维空间来解决，能够简化计算，但前者在应用中假定数据拟合特定的数学模型，只有数据的生成过程服从某种具体的数学模型，才能基于该模型参数的估计对样品的相异性进行刻画；基于主成分的方法是采用主成分对原始数据进行综合，因此对原始数据信息的提取存在误差。

由于网上拍卖中竞买者各次出价对应的时间点在拍卖期间[0,7]不等间隔分布，因此不能使用传统统计分析中的常见模型对出价水平数据的产生机制进行刻画分析。在这种情况下，可以考虑运用基于基函数展开的方法。由于竞买者出价数据并不呈现周期特征，所以我们采用B－样条基函数对出价水平函数 $x_i(t)$ 进行展开，换言之，利用B－样条基函数 $\{\phi_k(t),\ k=1,\cdots,K_i\}$ 的线性组合表示 $x_i(t)$ ，即

$$x_i(t) = \sum_{k=1}^{K_i} c_{ik}\phi_{ik}(t) \tag{10.15}$$

式中：

$\phi_{ik}(t)$—对应第 i 个拍卖的基函数，$k=1,\cdots,K_i$；

c_{ik}—基函数 $\phi_{ik}(t)$前的系数。

确定基展开式（10.15）中系数 c_{ik}（$1\leqslant i\leqslant N$，$k=1,\cdots,K_i$）的方法是带惩罚的最小二乘估计准则，即

$$\min \sum_{l=1}^{n_i}\left[y_{il} - \sum_{k=1}^{K_i} c_{ik}\phi_{ik}(t_{il})\right]^2 + \lambda \times \int_0^7 [D^2 x_i(t)]^2 dt \tag{10.16}$$

其中，参数 λ 是修匀参数，用来控制函数的匀滑程度；D^2 表示出价水平函数 $x_i(t)$ 的二阶导数。

由于各拍卖中竞买者出价到来的时间不一致，且其出价次数 n_i 一般随拍卖的不同而变化，所以利用（10.16）式得到的对应诸 $x_i(t)$ 的 c_{ik} 的个数 K_i 是变化的，即各拍卖对应的系数向量$(c_{i1},\cdots,c_{iK_i})'$的维数一般不同。鉴于此，在聚类分析前，需要对每个拍卖中竞买者原始出价数据进行线性插值，以求出所有拍卖在共同时间节点 $t_1,t_2,\cdots,t_m$ 处的值。对第 i 个拍卖，记时刻 t_j 处得到的出价金额的插值为 $y_j^{(i)}=y_j^{(i)}(t_j)$，其中 $1\leqslant i\leqslant N$，$1\leqslant j\leqslant m$。于是（10.16）式简化为

$$\min \sum_{j=1}^{m}\left[y_j^{(i)} - \sum_{k=1}^{K} c_{ik}\phi_{ik}(t_j)\right]^2 + \lambda \times \int_0^7 [D^2 x_i(t)]^2 dt \tag{10.17}$$

其中 K = 样条函数的阶数 + 时间节点的个数 − 2。

利用上式可得到第 i 个拍卖中竞买者出价水平函数 $x_i(t)$ 对应的系数向量$(c_{i1},\cdots,c_{iK})$。于是，N 个拍卖分别对应着 N 条光滑的函数曲线，同时也对应着 N 个 K 维的系数向量$(c_{i1},\cdots,c_{iK})$，从而对竞买者出价水平数据的聚类就转化为对 N 个 K 维的系数向量$(c_{i1},\cdots,c_{iK})$的聚类。

然而，由于竞买者出价数据的容量大，如淘宝网珠宝类 7 天期拍卖有 491 个，总计出价 10602 次，又加之基函数个数的影响，如果对 N 个 K 维数据$(c_{i1},\cdots,c_{iK})$ $(1\leqslant i\leqslant N)$ 使用系统聚类法进行聚类，则计算速度较慢，严重时会出现计算机死机。因此，这里采用计算速度更快的 k – means 算法对 B – 样条基函数的 N 个 K 维系数向量$(c_{i1},\cdots,c_{iK})$进行聚类。为叙述方便，称这种函数性数据聚类方法为 B – 样条 k – means 方法。

10.4.4 竞买者出价行为的函数性聚类分析

为了探讨不同价值、不同属性物品拍卖中竞买者出价行为的典型代表性特征，并对中外不同拍卖网站竞买者出价行为的差异进行比较，本节利用 B – 样条 k – means 方法对竞买者出价水平数据进行聚类分析。分析的技术线路是：首先对 eBay 26 类 7 天期拍卖中的出价水平数据逐类进行聚类分析，其次对 26 类拍卖中各类拍卖的平均出价水平数据进行分析，最后对淘宝网 7 天期珠宝拍卖的出价数据进行聚类分析，并通过类中心曲线的几何特征对竞买者出价行为进行分析。在具体分析中，为清晰地展示出价水平随时间变化的特征，聚类时使用的数据是出价金额的对数数据；对数据进行修匀时使用的是 6 阶 B – 样条基，选择的节点与前面章节一样是{0,1,2,3,4,5,6,6.25,6.5,6.75,6.8125,6.875,6.9375,7}，共 14 个。

首先，使用 B – 样条 k – means 方法对 26 类 7 天期拍卖中的每一类拍卖品对应的出价水平数据进行聚类分析，并绘制聚为 4 类的类中心曲线图（共 26 个）。图 10 – 1 是健康与美容类拍卖中竞买者出价水平被聚为 4 类的类中心曲线图。图 10 – 1 中的 4 条曲线从上到下依次表示聚成的 4 个类中各类所含物品拍卖中竞买者出价水平的平均水平。由于竞买者对一件拍卖物品出价的高低受拍卖物品真实市场价格的影响很大，一般情况下，一件拍卖品的市场价格越高，其最终拍卖价格也越高，相应的出价水平也居于高位。因此，图 10 - 1 中的 4 条曲线分别反映了其所代表的类中拍卖品市场价格的高低。为叙述方便，本文依据竞买者对拍卖品出价的高低，将拍卖品分为 4 个等级，分别称其为高价值类拍卖品、中上价值类拍卖品、中下价值类拍卖品和低价值类拍卖品，于是图 10 - 1 中处于最高位的曲线反映了高价值类物品拍卖中竞买者的典型出价行为，对其他曲线可类似解释。

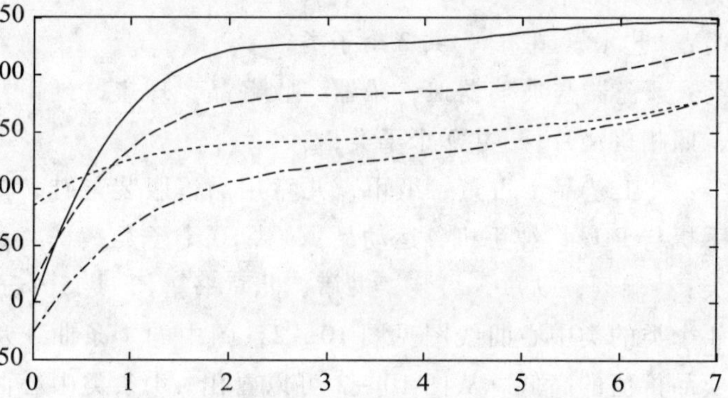

图 10 - 1　健康与美容类拍卖的类中心曲线图

通过对 26 个类中心曲线图的分析，发现在相同属性的 26 个拍卖类中有 9 个拍卖类，竞买者出价水平曲线的类中心曲线在 2 天后有 3 条近似平行，有 13 个拍卖类在 3 天后有 3 条近乎平行，即 84.6% 的样本类在 3 天后有 3 条近似平行；26 个拍卖类中有 18 个拍卖类（占样本类的 69.2%）其低价值拍卖品对应的竞买者出价水平曲线的类中心曲线有一个共同特征，即竞买者出价增加的速度较高价值拍卖品中竞买者出价水平的类中心曲线增加的速度快；对于高价值拍卖品，其共同的特征是前期出价增加的速度较快，而随后时段的出价水平增加缓慢，表现为类中心曲线较为平缓，出现这种情况的拍卖类占样本类的 88.5%。另外一个普遍现象是处于中间位置的两条曲线除在拍卖的前 2—3 天存在差异外，在拍卖以后的时段呈现出更为近似的几何结构。

这种情况说明：（1）网上拍卖中竞买者的出价行为易于在出价过程的前期（前 2—3 天）受到拍卖品价值高低的影响，在拍卖的以后时段除出价高低有差异外，竞买者在不同价值物品拍卖中呈现较相似的出价行为，在中上价值和中下价值的物品拍卖中出价行为更为相似；（2）在高价值物品拍卖中，竞买者相对易于在拍卖前期出价，促使出价水平迅速攀高，但其后时段出价动力相对不足；在低价值物品拍卖中，竞买者在拍卖期内的出价基本一直处于增长态势，且类别差异大，即逐类来看竞买者的出价行为一定程度受物品属性的影响。

进一步，使用 B－样条 k－means 方法对 26 个拍卖类的平均出价水平数据进行聚类，其目的是探讨不同属性物品拍卖中竞买者的出价行为。聚为 4 类的具体结果如下：

第一类：{艺术，园艺}，共 2 个子类；

第二类：{瓷器与玻璃器皿，乐器，收藏品，珠宝，硬币，邮票，手表，相片，照相机镜片}，共 9 个子类；

第三类：{工艺品，古董，纸币，儿童用品，服装与鞋，傢私，健康与美容，手机与 PDA，纯手机，运动品}，共 10 个子类；

第四类：{雕刻，勋章，男装，书籍，儿童书籍}，共 5 个子类；

上述 4 个类的类中心曲线图见图 10－2，图中的 4 条曲线从上到下依次表示拍卖品价值的高低。从图 10－2 可以看出，4 条类中心曲线在拍卖进行 2 天后呈现相似的几何结构，其增长速度基本相同。这说明竞买者的出价行为从平均水平来看不受拍卖品属性的影响，但是拍卖品的价值会在拍卖前期对出价行为产生影响，拍卖品的价值越大，竞买者越易在拍卖前期受其诱导出价。

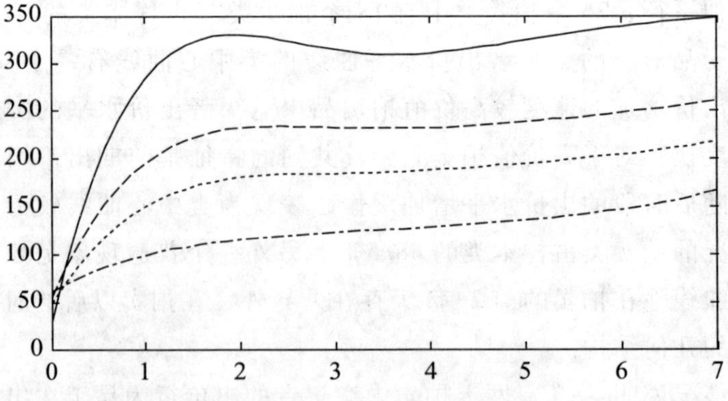

图 10－2　26 类拍卖的类中心曲线图

另外，在上面聚成的 4 个类中，第二类中的相片类与照相机镜片类拍卖，第三类中的手机与 PDF 类和纯手机类拍卖，第四类中的书籍类与儿童书籍类拍卖，分别同属一个大类，但所含拍卖品的同质程度不同。从聚类结果来看，它们分别被聚为同一类，这说明拍卖品的同质性对聚类结果没有影响，换言之，拍卖品的同质程度对竞买者的出价行为影响不大。

图 10 - 3 是淘宝网珠宝类 7 天期拍卖中竞买者出价水平被聚为 4 类的类中心曲线图。观察图 10 - 3 发现，图 10 - 3 与图 10 - 1 存在明显差异，类中心曲线缺乏相似的几何结构。这种情况说明不同价值物品拍卖中竞买者的出价行为不同，或者说中国网站竞买者的出价行为在不同拍卖中呈现不同的特征，缺乏典型代表性模式。

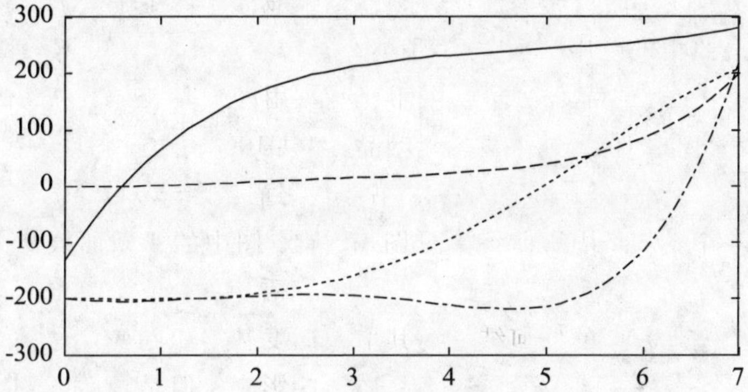

图 10 - 3　淘宝珠宝类拍卖的类中心曲线图

第十一章

函数性数据分析方法的计算机实现

利用函数性数据的分析方法对实际的函数性观测数据进行分析，经常会遇到计算问题。由于常见的统计分析软件如SPSS、EViews、SAS等，不能直接用于函数性数据的分析，因此，对研究人员使用函数性数据的分析方法带来了极大不便，也限制了该方法的应用推广，对于初学者更是困难重重，经常要花费大量的时间用于方法的计算机实现。依据作者掌握的资料来看，目前国内鲜有文献讨论函数性数据分析方法的计算实现。鉴于此，本章就现有基于MATLAB、R/S－PLUS语言，对函数性观测数据进行分析的程序进行简单地解读，以使初学者能够快速掌握基本知识点，并了解计算机实现该方法运用的编程过程和环节，减少用于该方法的计算时间，从而促进函数性数据分析方法在我国的普及与推广。

11.1 现有分析函数性数据的程序语言

11.1.1 函数性数据分析程序应用的语言

从国内外有关函数性数据分析方法应用的现有研究文献来看，研究者在对数据进行分析时，编程所使用的语言（可理解为平台）有两种，即 MATLAB 语言和 R/S - PLUS 语言。这两种语言都是面向对象编程（程序设计）（Object - Oriented Programming，OOP）语言，所谓“对象”就是一个或一组数据以及处理这些数据的方法和过程的集合。面向对象编程是一种计算机编程架构，它的一条基本原则是计算机程序是由单个能够起到子程序作用的单元或对象组合而成，为了实现整体运算，每个对象都能够接收信息、处理数据和向其他对象发送信息。面向对象编程完全不同于传统的面向过程的程序设计，它大大地降低了软件开发的难度，使编程就像搭积木一样简单。

MATLAB 的面向对象编程能力最基本，故我们在利用函数性数据分析方法分析实际经济函数性数据时，使用了 MATLAB 语言进行编程。

Ramsay 在其网站上给出了使用 MATLAB 语言和 R/S - PLUS 语言编写的函数性数据各分析方法的应用程序，但由于对于不同的问题和数据，相关方法的分析程序要做适当地调整，故初次使用者必须首先熟悉软件工具包中函数及其相关参数的设置，才能尝试使用相应方法分析具体的函数性数据。

虽然对函数性数据进行分析时可利用 MATLAB、R 和 S - PLUS，但总体来看，MATLAB 语言和 R/S - PLUS 语言是相似的，可以不很麻烦地从一种语言下的编码转换到另一种语言下的编码，因为 Ramsay 在对有关函数性数据的分析方法进行编程时，在两种语言环境中使用了相同的函数名。在对函数程序文件起名时在 MATLAB 中使用了下划线“_ ”，而在 R/S - PLUS 中使用了“.”，如“修匀基”（smooth basis）程序，在 MATLAB 中使用了函数名 smooth_ basis，在 R/S - PLUS 中使用了函数名 smooth. basis。

11.1.2　面向对象编程中的两个基本概念

对象（Object）和类（Class）是面向对象编程中两个最基本的概念。对象是数据与对这些数据实施的操作共同构成的一个独立体，是可以对其做事情的一些东西，它包括数据（属性）和操作（行为）两个部分；类是一个共享相同结构和行为的对象的集合，是对具有相同数据成员和操作成员的一组对象的定义，是这组对象的抽象归纳。

例如，在第三章中，我们利用一组基函数 $\phi_k(t)$（$k=1,\cdots,K$）的线性组合表示函数 $x(t)$，即

$$x(t) = \sum_{k=1}^{K} c_k \phi_k(t)$$

这里，一个函数性数据类在 S - PLUS 中指定了一个列表变量，在 MATLAB 中指定了一个结构变量，变量至少应包含上述表示式两条必要的信息，一是定义诸基函数 $\phi_k(t)$ 的基函数系统，二是包含诸系数 c_k 的向量、矩阵或数组。因此，函数性数据类定义的函数对象至少包含两种信息，即：①基展开式中的系数构成的数组；②定义展开式的基函数的对象，称为基对象。

11.2 基于 MATLAB 的函数性数据分析方法的计算机实现

11.2.1 Windows 系统中 MATLAB 函数的安装步骤

第一步，在电脑中创建一个包含 MATLAB 函数的目录。例如，其中一种可以是 c：\ Matlab7 \ fdaM。

第二步，将文件“Matlabfunctions. zip”复制到这个目录中。

这里的 Matlabfunctions. zip 是下载的使用 MATLAB 编写的函数性数据分析程序，下载地址为 http：//www. psych. mcgill. ca/misc/fda/downloads/FDAfuns/Matlab/。

第三步，使用解压程序如 WinZip（可在 Web 上获得）解压压缩文件，解压后得到的每个文件的扩展名都是“. m”。每一个文件包含一个与文件名相同的函数，这些函数可能使用了一些辅助函数。另外，在每个文件的最开始对函数的使用进行了说明。

第四步，在这个目录中，创建一个名称为“@ fd”的子目录。例如，在系统中可设置路径为 c：\ Matlab \ fdaM \ @ fd。这个子目录包含“fd”类的函数处理对象，将“@ fd. zip”文件复制到这个目录中，解压函数文件。

第五步，重复第四步，创建以下子目录：

- @ basis　包含 basis. zip 文件
- @ bifd　包含 bifd. zip 文件
- @ fdPar　包含 fdPar. zip 文件
- @ Lfd　包含 Lfd. zip 文件

于是，在电脑中就有了五个目录，其路径分别 c：\ Matlab \ fdaM \ @ basis、c：\ Matlab \ fdaM \ @ bifd、c：\ Matlab \ fdaM \ @ fd、c：\ Matlab \ fdaM \ @ fdPar 和 c：\ Matlab \ fdaM \ @ Lfd，且每个子目录包含了适合这个目录的解压缩函数。

11.2.2　分析实例安装

在目录 c：\ Matlab7 \ fdaM 中可以建立一个子目录名为"examples"文件夹，可将分析用的数据、程序编码等放置于此处。打开 MATLAB 软件，运行案例。在任意一个带有扩展名".m"的程序文件的顶部，都有两句"addpath"命令，分别连接"functions"目录以及包含样本数据的目录。这两句命令可设置如下，也可根据需要更改设置。

```
% Windows
addpath ('c: \ Matlab7 \ fdaM')
addpath ('c: \ Matlab7 \ fdaM \ examples \ 陕西第三产业')
```

11.2.3　函数性数据的分析过程

一般地，一个典型的函数性数据分析过程大多包含以下分析环节：

(1) 原始数据收集与组织

这一环节在第二章已经做了说明，故不再赘述。

(2) 数据向函数形式的转化

这一环节是将离散的函数性观测数据向函数形式转化，数据被组织为一个函数数据对象，函数名为 data2fd，为了修匀，须定义一个基对象（basis objec），基于 MATLAB 的修匀函数程序名为 smooth_ basis，基于 S-PLUS 的修匀函数程序名为 smooth. basis。

（3）对函数性数据进行多种形式的展示和使用概括统计量

此环节是将函数数据对象作为输入量，绘制特殊图形或概括统计量函数图形，例如可使用 plot、mean、var 等函数程序执行。

（4）对函数的列齐（或套准）

此环节的目的是将函数的主要特征在大体相同的时间进行显示，实际上是将函数垂直方向的幅变化与水平方向的相变化分开，这里可用标志注册算法（landmark registration algorithm）和连续注册算法（continuous registration algorithm）进行处理。

（5）对数据进行探索性分析

这里主要使用函数性主成分分析方法、典型相关分析方法或主微分方法对列齐后的数据进行分析，使用的函数程序名分别含有 pca 和 cca。

（6）使用模型对数据进行分析

这里可用的分析方法有函数性线性模型或微分方程，分析时使用的函数程序名分别含有 fRegress 和 pda 。

附 录 1

第三产业九类行业的主成分分析结果

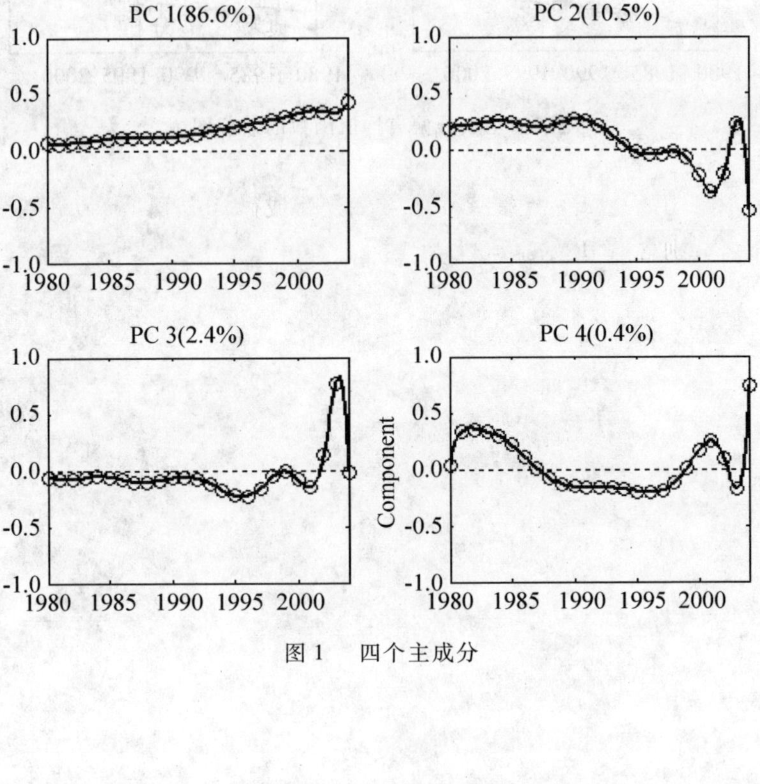

图 1　四个主成分

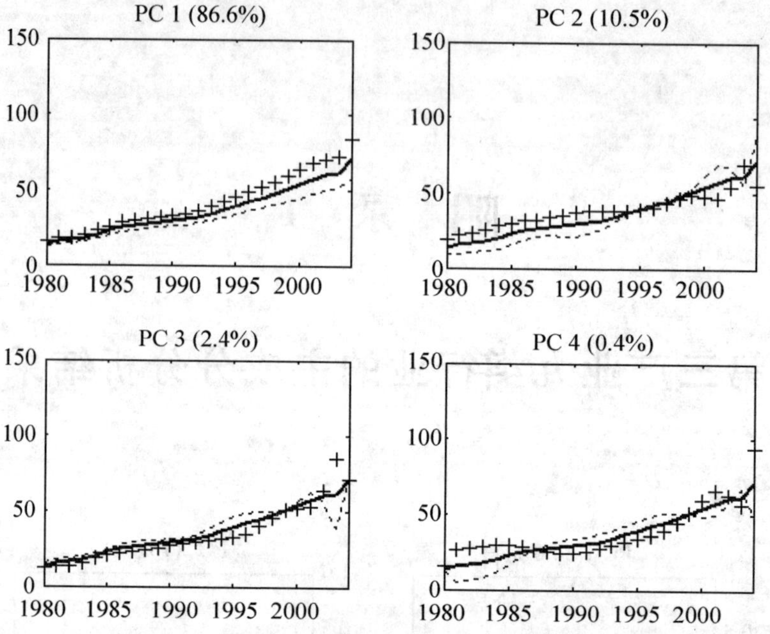

图 2　主成分偏离均值函数的效应图

附　录　2

竞买者出价水平导数的主成分分析结果

下面图 1 和图 2 中，我们在同一图中绘出了三条曲线，一条是 27 类拍卖总体出价水平一阶导数或二阶导数的均值曲线，另两条是对均值曲线分别加上和减去主成分的一个适当倍数（此处所选的倍数是 2）而形成的曲线。以上所述的三条曲线分别对应着图中的实心曲线、长虚曲线和短虚曲线。

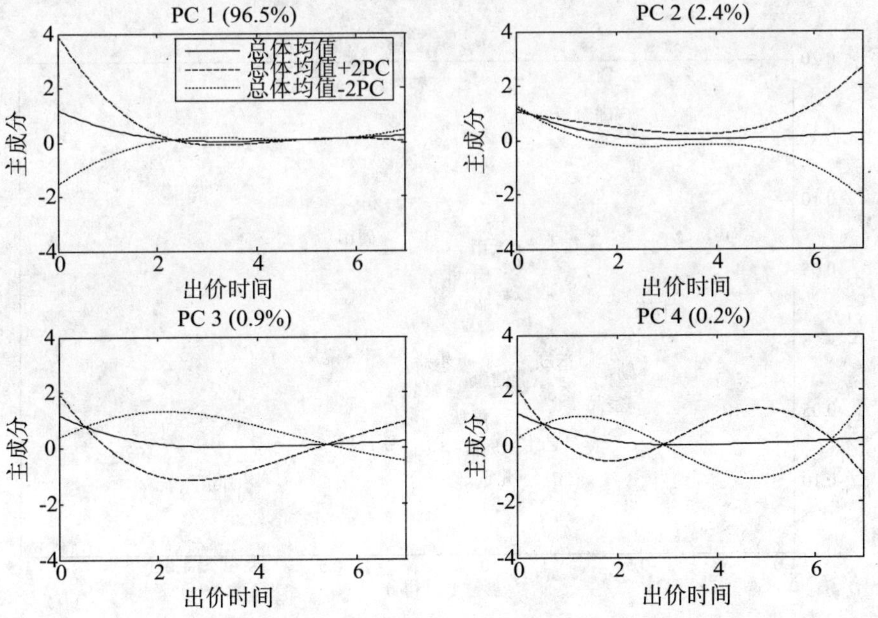

图 1　出价水平一阶导数的均值函数及四个主成分的加减效应

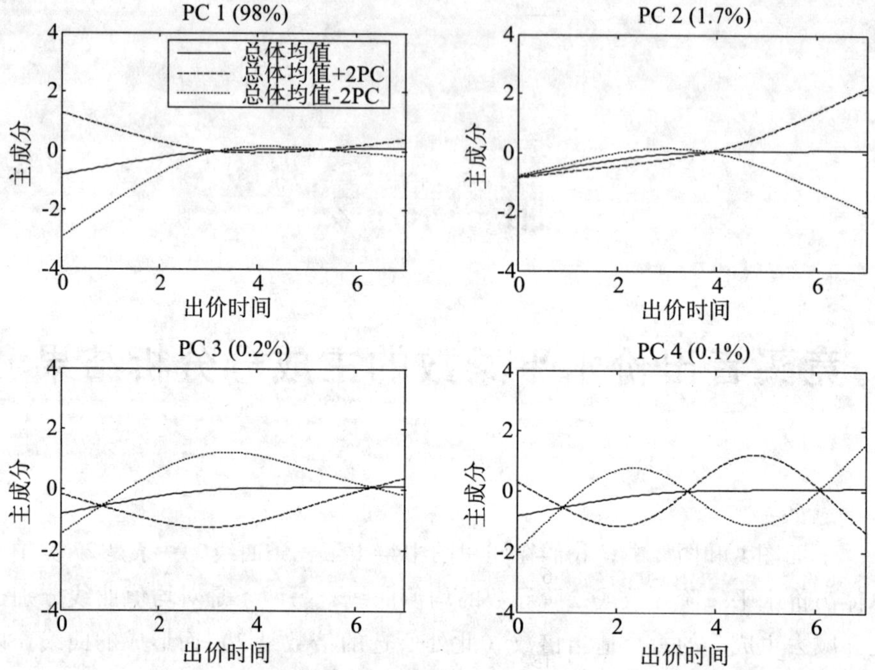

图 2　出价水平二阶导数的均值函数及四个主成分的加减效应

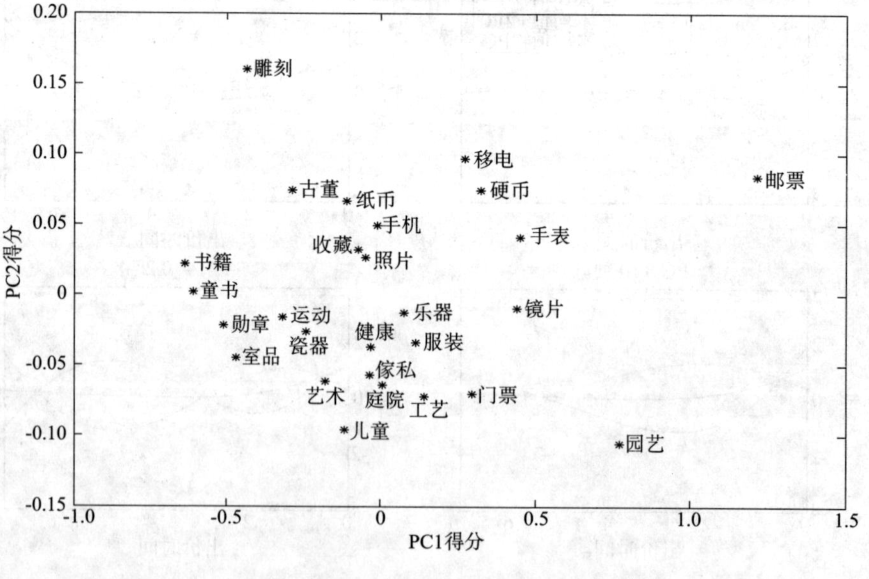

图 3　27 个 7 天期拍卖子类出价水平一阶导数的主成分得分图

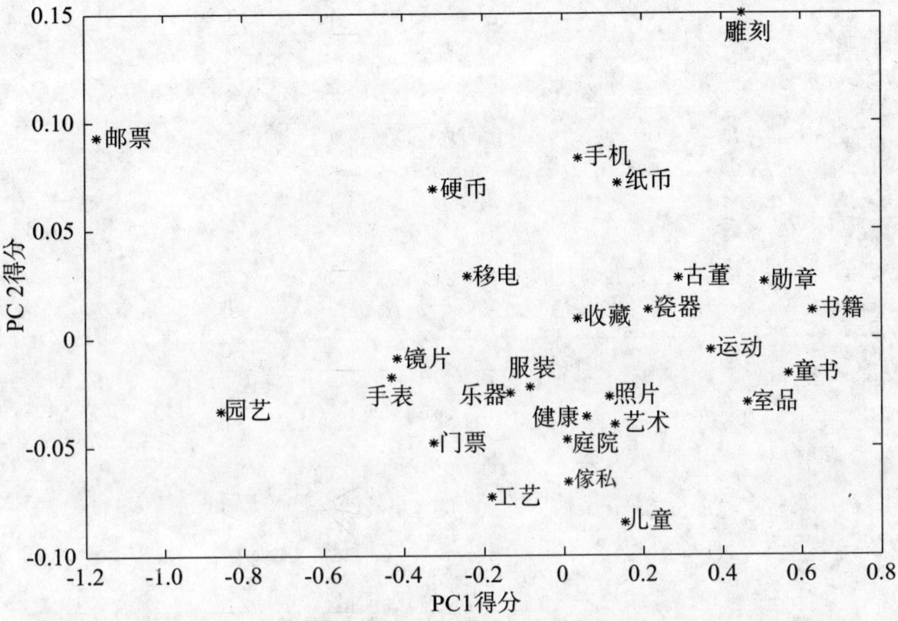

图 4　27 个 7 天期拍卖子类出价水平二阶导数的主成分得分图

参考文献

[1] Aguilera AM, Ocana FA and Valderranma MJ. Forecasting with unequally spaced data by a functional principal component approach [J]. Test, 1999, 8 (1): 233-253.

[2] Bajari P, Hortacsu A. Winner's Curse, Reserve Prices and Endogenous Entry: Empirical Insights from eBay Auctions [J]. Rand Journal of Economics, 2003, 2 (2), 329-355.

[3] Bajari P, Hortacsu A. Economic Insights from Internet Auctions [J]. Journal of Economic Literature, 2004, 42 (2): 457-486.

[4] Bapna R, Goes P, Gupta A. Insights and Analysis of Online Auctions [J]. Communications of the ACM, 2001b, 44 (11): 42-50.

[5] Bapna R, Jank W. And Shmueli G. (2007). Consumer Surplus in Online Auctions [R/OL]. http://papers. ssrn. com/sol3/papers. cfm?abstract_ id=840264#PaperDownload.

[6] Bewley R, Griffiths WE. A forecasting comparison of classical and Bayesian methods for modelling logistic diffusion [J]. Journal of Forecasting, 2001, 20 (4): 231-247.

[7] Borle S, Boatwright P, Kadance JB. The timing of bid placement and extent of multiple bidding: An empirical investigation using ebay online auctions [J]. Statistical Science, 2006, 21 (2): 193-207.

[8] Bosq D. Linear processes in functional spaces, theory and applications [M]. Lecture Notes in Statistics, vol. 149, Springer, New York, 2000.

[9] Brumback B, Rice JA. Smoothing spline models for the analysis of nested and crossed samples of curves (with discussion) [J]. Journal of the A-

merican Statistical Association, 1998, 93 (443): 961 -994.

[10] Cai T, Hall P. Prediction in functional linear regression [J]. The Annals of Statistics, 2006, 34 (5): 2159 -2179.

[11] Cardot H, Ferraty F and Sarda P. Spline estimators for the functional linear model [J]. Statistical Sinica, 2003, 13: 571 -591.

[12] Cardot, H, Crambes, C, Kneip A and Sarda P. Smoothing spline estimators in Functional linear regression with errors - in - variables [J]. Computational Statistics & Data Analysis, 2007, 51 (10): 4832 -4848.

[13] Cerioli A, Laurini F and Corbellini A. Functional Cluster Analysis of Financial Time Series In: M. Vichi, P. Monari, S. Mignani, and A. Montanari (Eds.): Studies in Classification, Data Analysis, and Knowledge Organization [M]. Berlin: Springer, 2005.

[14] Chiou JM, Muller HG. Diagnostics for functional regression via residual processes [J]. Computational Statistics & Data Analysis, 2007, 51 (10): 4849 -4863.

[15] Dauxois J, Pouuse A and Romain Y. Asymptotic theory for the Principal component analysis of a random vector function: some applications to statistical inference [J]. Journal of multivariate analysis, 1982, 12 (1): 136 -154.

[16] Dauxois J, Nkiet GM. Measure of association for Hilbertian subspaces and some applications [J]. Journal of Multivariate Analysis, 2002, 82 (2): 263 -297.

[17] de Boor C. A Practical Guide To Splines (Revised Edition) [M]. New York: Springer, 2001.

[18] Eubank RL. Spline Smoothing and Nonparametric Regression (Second Edition) [M]. New York: Marcel Dekker, 1999.

[19] Escabias M, Aguilera AM and Valderrama MJ. Principal component estimation of functional logistic regression: discussion of two different approaches [J]. Journal of Nonparametric Statistics. 2004, 16 (3 -4): 365 -384.

[20] Escabias M, Aguilera AM and Valderrama MJ. Modeling environmental data by functional principal component logistic regression [J]. Environmetrics. 2005, 16 (1): 95 - 107.

[21] Fan J, Lin SK. Test of signi? cance when data are curves [J]. Journal of the American Statistical Association, 1998, 93 (443): 1007 - 1021.

[22] Ferraty F, Vieu P. Nonparametric Functional Data Analysis: Theory and Practice [M]. Berlin: Springer, 2006.

[23] Ferreira L, Hithcock DB. A comparison of hierarchical methods for clustering functional data [J]. Communications in Statistics: Simulation and Computation, 2009, 38 (9): 1925 - 1949.

[24] Gasser T, Kneip A. Searching for structure in curve samples [J]. Journal of the American Statistical Association, 1995, 90 (4): 1179 - 1188.

[25] Gervini d, Gasser T. Self - modeling warping functions [J]. Journal of the Royal Statistical Society. Series B, 2004, 66 (3): 959 - 971.

[26] Ghani R, Simmons H. Predicting the end - price of online auctions [C/OL]. In the Proceedings of the international Workshop on Data Ming and Adaptive Modelling Methods for Economics and Management, 2004. Pisa, Italy

[27] Green PJ, Silverman BW. Nonparametric regression and generalized linear models: A Roughness Penalty Approach [M]. London Chapman and Hall, 1994.

[28] Hall P, Henklnan N. Estimating and depicting the structure of a distribution of random functions [J]. Biometrika, 2002, 89 (1): 145 - 158.

[29] Hall P, Horowitz JL. Methodology and convergence rates for functional linear regression [J]. The Annals of Statistics, 2007, 35 (1): 70 - 91.

[30] Harezlak J, Coull B, Laird N, Magari S and Christiani D. Penalized solutions to functional regression problems [J]. Computational Statistics & Data Analysis, 2007, 51 (10): 4911 - 4925.

[31] Hastie T, Tibshirani R. Varying - coefficient models [J]. Journal of the Royal Statistical Society. Series B, 1990, 55 (4): 757 - 796.

[32] He GZ, Muller HG and Wang JI. Functional canonical analysis for square integrable stochastic processes [J]. Journal of Multivariate Analysis, 2003, 85 (1): 54 -77.

[33] Hitchcock DB, Booth JG and Casella G. The Effect of Pre - smoothing Functional Data on Cluster analysis [J]. Journal of Statistical Computation and Simulation. 2007, 77 (12): 1043 -1055.

[34] Houser D and Wooders J. Reputation in Auctions: Theory and Evidence from eBay [J]. Journal of Economics & Management Strategy, 2006, 15 (2): 353 -369.

[35] Hosmer DW, Lemeshow S. Applied Logistic Regression [M]. New York: Wiley, 1989.

[36] Ingrassia S, Cerioli A and Corbellini A. Some issues on clustering of functional data [C]. In: M. Schader W. Gaul and M. Vichi (Eds.): Between Data Science and Applied Data Analysis. Berlin: Springer, 49 -56, 2003.

[37] James GM. Generalized linear models with functional predictors [J]. Royal Statistical Society, series B, 2002, 64 (3): 411 -432.

[38] James GM, Hastie TJ and Sugar CA. principal component models for sparse functional data [J]. Biometrika, 2000, 87 (3): 587 -602.

[39] James GM, Sugar CA. Clustering sparsely sampled functional data [J]. Journal of the America Statistical Association, 2003, 98 (432): 397 -408.

[40] James G, Sood A. Performing hypothesis tests on the shape of functional data [J]. Computational Statistics & Data Analysis, 2006, 50 (1): 1774 -1779.

[41] Klemberer P. Using, Abusing Economic Theory [J]. Journal of the Economic Association, 2003, 1 (2 -3): 272 -300.

[42] Kneip A, Gasser T. Statistical tools to analyze data representing a sample of curves [J]. Annals of Statistics, 1992, 20 (3): 1266 -1305.

[43] Kneip A, Utikal KJ. Inference for density families using functional principal components analysis [J]. Journal of the American Statistical Asso-

ciation, 2001, 96 (454): 519 -542.

[44] Lancaster HO. The Chi - Squared Distribution [M]. New York: Wiley, 1969.

[45] Locantore N, Marron JS, Simpson DG, TriPoli N, Zhang JT and Cohen KL. Robust principal component analysis for functional data [J]. Test, 1999, 8 (1): 1-73.

[46] Mcafee RP, Mcmillan J. Auction and Bidding [J]. Journal of Economic Literature, 1987, 25 (2): 699 -738.

[47] Montgomery AL, Bradlow ET. Why analyst overconfidence about the functional form of demand models can lead to overpricing [J]. Marketing Science, 1999, 18 (4): 569 - 583.

[48] Müller HG, Stadtmüller U. Generalized functional linear models [J]. The Annals of Statistics, 2005, 33 (2): 774 - 805.

[49] Ockenfels A, Reiley D, Sadrich A. Online Auction [R/OL]. [2006]. http: //www. u. arizona. edu/ dreiley/paper/OnlineAuction. pdf.

[50] Peng J, Müller HG. Distance - based clustering of sparsely observed stochastic processes with applications to online auctions [J]. Annals of Applied Statistics, 2008, 2 (3): 1056 - 1077.

[51] Piccolo D. A distance measure for classifying ARIMA models [J]. Journal of Time Series Analysis, 1990, 11 (2): 153 - 164.

[52] Ramasy JO. When the data are functions [J]. Psychometrika, 1982, 47 (12): 379 -396.

[53] Ramsay JO, Dalzell CJ. Some Tools for Functional Data Analysis [J]. Journal of the Royal Statistical Society. Series B, 1991, 53 (3): 539 - 572.

[54] Ramsay JO, Li X. Curve registration [J]. Journal of the Royal Statistical Society. Series B, 1996, 60 (3): 351 -363.

[55] Ramsay JO, Silverman BW. Functional Data Analysis [M]. New York: Springer - Verlag, 1997.

[56] Ramsay JO, Silverman BW. Applied Functional Data Analysis: Methods and Case Studies [M]. New York: Springer - Verlag, 2002.

[57] Ramsay JO, Silverman BW. 函数型数据分析（第二版）[M]. 北京：科学出版社, 2006.

[58] Ramsay JO, Wang X, Flanagan R. A Functional Data Analysis of the Pinch Force of Human Fingers [J]. Journal of the Royal Statistical Society, 1995, 44 (1): 17-30.

[59] Ratcliffe SJ, Heller GZ. Functional data analysis with application to periodically stimulated foetal heart rate data. II: functional logistic regression [J]. Statistics in Medicine, 2002, 21 (8): 1115 - 1127.

[60] Robinson PM. Hypothesis testing in semiparametric and nonparametric models for econometric time series [J]. The Review of Economic Studies, 1989, 56 (1): 511 - 534.

[61] Roth AE, Ockenfels A. Last - Minute Bidding and the Rules for Ending Second - Price Auctions: Theory and Evidence from Natural Experiment on the Internet [J]. American Economic Review, 2002, 78 (4): 806 -823.

[62] Rothkopf MH, Teisberg TJ, Kahn EP. Why are Vickrey Auctions Rare? [J]. Journal of Political Economy, 1990, 98 (1): 94 - 109.

[63] Schumaker L. Spline Functions: Basic Theory [M]. New York: Wiley, 1981.

[64] Sakoe H, Chiba S. Dynamic programming algorithm for optimizating for spoken word Recognition [J]. IEEE Transactions on Acoustics, speech, and signal processing, 1978, 26 (1): 43-49.

[65] Simonoff JS. Smoothing Methods in Statistics [M]. New York: Wiley, 1996.

[66] Silverman BW. Incorporating parametric effects into functional principal components analysis [J]. Journal of the Royal Statistical Society. Series B, 1995, 57 (4): 673 -689.

[67] Silverman BW. Smoothed functional principal components analysis by choice of norm [J]. Annals of Statistics, 1996, 24 (1): 1 -24.

[68] Silverman BW. Wavelets in statistics: Beyond the standard assumptions [M]. Philosophical Transactions of the Royal Society of London. Series

A, 1999, 357: 2459 - 2473.

[69] Silverman BW, Vassilicos JC. Wavelets: the key to intermittent information [M]. Philosophical Transactions of the Royal Society of London. Series A, 1999, 357: 2393 - 2395.

[70] Silverman BW. Wavelets for regression and other statistical problems. In mg schimek (ED) smoothing and regression: approaches, computation and application [M]. New York: Wiley, 2000.

[71] Spitzner DJ, Marron JS and Essick GK. Mixed - model functional ANOVA for studying human tactile Perception [J]. Journal of the American Statistical Association, 2003, 98 (462): 263 - 272.

[72] Tarpey T, Kinateder KKJ. Clustering functional data [J]. Journal of Classification, 2003, 20 (1): 93 - 114.

[73] Tarpey T. Linear transformations and the k - means clustering algorithm [J]. The American Statistician, 2007, 61 (1): 34 - 40.

[74] Tokushige S, Inada K and Yadohisa H. Dissimilarity and related methods for functional data [J]. J Jpn Soc Comput Statist, 2002, 15: 319 - 326.

[75] Vickrey W. Counterspeculation, Auctions and Competitive Sealed Tenders [J]. Journal of Finance, 1961, 16 (1): 8 - 37.

[76] Viviani R, Grön G and Spitzer M. Human Brain Mapping [Z]. 2005, 24: 109 - 129.

[77] Wahba G. Spline Models for Observation Data [M]. Philadelphia: Society For Industrial And Applied Mathematics, 1990.

[78] Wang SS, Jank W, Shmueli G. Explaining and Forecasting Online Auction Prices and Their Dynamics Using Functional Data Analysis [J]. Journal of Business and Economic Statistics, 2008, 26 (2): 144 - 160.

[79] Wiggans R. Auctions, and Bidding Models: A Survey [J]. Management Science, 1980, 26 (2): 119 - 142.

[80] Wilcox RT. Experts, Amateurs: The Role of Experience in Internet Auctions [J]. Marketing Letters, 2000, 11 (4): 363 - 374.

[81] Yao F, Muller HG and Wang JL. Functional data analysis for sparse longitudinal data [J]. Journal of the American Statistical Association,

2004，100（470）：577－590.

[82] Zhang JT, Chen JW. Statistical inference for functional data [J]. The Annals of Statistics, 2007, 35 (3): 1052－1079.

[83] 耿贵珍．基于函数型数据的模型研究［D］．中国人民大学，2011.

[84] 黄正伟，郑霞忠．在线拍卖理论与实务［M］．北京：中国时代经济出版社，2008.

[85] 胡宇．函数性数据分析方法研究及其应用［D］．东北师范大学，2011.

[86] 靳刘蕊．函数性主成份分析的思想、方法及应用［J］．统计与决策，2010，(1)：15－18.

[87] 李纪华，张倩肖．全行业视角下我国上市公司并购重组差异性研究——基于函数性数据分析方法［J］．经济问题探索，2012，9：121－127.

[88] 米子川，赵丽琴．函数型数据分析的研究进展和技术框架［J］．统计与信息论坛，2012，27（6）：13－21.

[89] 曲爱丽，朱建平．函数性数据的共同主成分分析探究及展望［J］．统计与信息论坛．2009，24（2）：19－23.

[90] 舒彤，俞海，王寿阳等．拍卖与在线拍卖［M］．湖南：湖南大学出版社，2007.

[91] 苏为华，孙利荣和崔峰．一种基于函数型数据的综合评价方法研究［J］．统计研究，2013，30（2）：87－94.

[92] 王济川，郭志刚．Logistic 回归模型：方法与应用［M］．高等教育出版社，2001.

[93] 王劼，黄可飞，王惠文．一种函数型数据的聚类分析方法［J］．数理统计与管理，2009，28（5）：839－844.

[94] 刘亮亮．基于函数性视角的经济数据分析——以主微分分析为例［J］．统计与信息论坛，2013，28（1）：40－46.

[95] 严明义．函数性数据的统计分析：思想、方法和应用［J］．统计研究，2007，148（2）：87－94.

[96] 严明义．网上拍卖竞买者出价水平的动态演变模式研究［J］．统计研究，2010，27（3）：59－65.

[97] 严明义，杜鹏．中国消费价格指数季节变动的函数性数据分析［J］．统计与信息论坛．2010，25（8）：100－106.

[98] 曾玉钰，翁金钟．函数数据聚类分析方法探析［J］．统计与信息论坛，2007，22（5）：10－14.

[99] 张莹，叶振军．主微分分析方法在金融工程研究中的应用［J］．统计与决策，2009，（9）：41－31.

[100] 郑冰．基于函数性主成分的北京市居民收入水平研究［J］．合作经济与科技．2012，（21）：12－16

[101] 朱建平，靳刘蕊．基于模型参数基展开的函数回归及其应用［J］．商业经济与管理，2009，（2）：81－85.